Sönke Gramdorf

Schmelzeemulgieren im Hochdruckhomogenisator

Sönke Gramdorf

Schmelzeemulgieren im Hochdruckhomogenisator

zur Herstellung von kolloidalen festen Triglyceridpartikeln

Südwestdeutscher Verlag für Hochschulschriften

Impressum/Imprint (nur für Deutschland/only for Germany)
Bibliografische Information der Deutschen Nationalbibliothek: Die Deutsche Nationalbibliothek verzeichnet diese Publikation in der Deutschen Nationalbibliografie; detaillierte bibliografische Daten sind im Internet über http://dnb.d-nb.de abrufbar.

Alle in diesem Buch genannten Marken und Produktnamen unterliegen warenzeichen-, marken- oder patentrechtlichem Schutz bzw. sind Warenzeichen oder eingetragene Warenzeichen der jeweiligen Inhaber. Die Wiedergabe von Marken, Produktnamen, Gebrauchsnamen, Handelsnamen, Warenbezeichnungen u.s.w. in diesem Werk berechtigt auch ohne besondere Kennzeichnung nicht zu der Annahme, dass solche Namen im Sinne der Warenzeichen- und Markenschutzgesetzgebung als frei zu betrachten wären und daher von jedermann benutzt werden dürften.

Verlag: Südwestdeutscher Verlag für Hochschulschriften GmbH & Co. KG
Heinrich-Böcking-Str. 6-8, 66121 Saarbrücken, Deutschland
Telefon +49 681 37 20 271-1, Telefax +49 681 37 20 271-0
Email: info@svh-verlag.de

Zugl.: Berlin, TU, Dissertation, 2011

Herstellung in Deutschland:
Schaltungsdienst Lange o.H.G., Berlin
Books on Demand GmbH, Norderstedt
Reha GmbH, Saarbrücken
Amazon Distribution GmbH, Leipzig
ISBN: 978-3-8381-1115-5

Imprint (only for USA, GB)
Bibliographic information published by the Deutsche Nationalbibliothek: The Deutsche Nationalbibliothek lists this publication in the Deutsche Nationalbibliografie; detailed bibliographic data are available in the Internet at http://dnb.d-nb.de.

Any brand names and product names mentioned in this book are subject to trademark, brand or patent protection and are trademarks or registered trademarks of their respective holders. The use of brand names, product names, common names, trade names, product descriptions etc. even without a particular marking in this works is in no way to be construed to mean that such names may be regarded as unrestricted in respect of trademark and brand protection legislation and could thus be used by anyone.

Publisher: Südwestdeutscher Verlag für Hochschulschriften GmbH & Co. KG
Heinrich-Böcking-Str. 6-8, 66121 Saarbrücken, Germany
Phone +49 681 37 20 271-1, Fax +49 681 37 20 271-0
Email: info@svh-verlag.de

Printed in the U.S.A.
Printed in the U.K. by (see last page)
ISBN: 978-3-8381-1115-5

Copyright © 2011 by the author and Südwestdeutscher Verlag für Hochschulschriften GmbH & Co. KG and licensors
All rights reserved. Saarbrücken 2011

Für Nina und Tom

Inhaltsverzeichnis

Abbildungsverzeichnis 5
Tabellenverzeichnis 9
Symbolverzeichnis 10
1   Einleitung und Zielsetzung 15
2   Stand des Wissens 19
    2.1   Miniemulsionen 19
        2.1.1   Emulgatoren 23
        2.1.2   Grenzflächenbesetzungskinetik von Tensiden 26
        2.1.3   Mechanisches Emulgieren 28
            Tropfenaufbruch in laminarer Strömung 30
            Tropfenaufbruch in turbulenter Strömung 32
            Tropfenaufbruch aufgrund von Prallwirkung 34
            Tropfenaufbruch aufgrund von Kavitation 35
            Einfluss der Koaleszenz 35
        2.1.4   Energiedichtekonzept 38
        2.1.5   Emulgieren in Hochdruckhomogenisatoren 40
    2.2   *Solid Lipid Nanoparticles* - kristallisierte Miniemulsionen 43
        2.2.1   Kristallisation und Polymorphie 46
            Kristallkeimbildung 47
            Kristallwachstum 47
        2.2.2   Kristallisation in kolloidalen Dispersionen 48
        2.2.3   Schmelzverhalten von kolloidalen Dispersion 50
        2.2.4   Partikelbildung - Bildung fester Nanopartikel 52
        2.2.5   Einfluss des Emulgators auf Kristallisation und Polymorphie 54
        2.2.6   Kolloidale Stabilität - Hydrogelbildung 55
        2.2.7   Viskosität von Triglyceridschmelzen 57
3   Material und Methoden 58
    3.1   Stoffsysteme 59
    3.2   Versuchsaufbau 62
    3.3   Messung der Partikelgröße und des Zetapotentiales 64
    3.4   Thermische Analyse der Kristallisation und des Schmelzens 66
    3.5   Röntgendiffraktometrie mit Synchrotronstrahlung (SAXS) 67
    3.6   Gefrierbruch-Transmissionselektronenmikroskopie 68
    3.7   Grenzflächenspannung 68
        3.7.1   Spinning Drop Methode 69
        3.7.2   Pendant Drop Methode 70
    3.8   Dynamische Viskosität 71
4   Ergebnisse und Diskussion 72
    4.1   Voruntersuchungen 72
        4.1.1   Thermische Analyse 72
        4.1.2   Viskositäten der Triglyceridschmelzen 74

Inhaltsverzeichnis

        4.1.3   Grenzflächenspannungen 76
    4.2   Dispersionen 79
        4.2.1   Emulgatorkonzentration 79
        4.2.2   Zetapotentiale der Stoffsysteme 82
        4.2.3   Homogenisierzeit 83
        4.2.4   Gefrierbruch-Transmissionselektronenmikroskopie 88
        4.2.5   Energieeintrag 90
        4.2.6   Charakterisierung der dispersen Phase 98
5   Zusammenfassung 113
Anhang 115
    A1 Homogenisierzeit 115
    A2 Energieeintag 117
    A3 Thermische Analyse 118
    A4 Röntgendiffraktometrie 122
    A5 Veröffentlichungen und Konferenzbeiträge 123
    A6 Studien- und Abschlussarbeiten 125
    Literaturverzeichnis 126

Abbildungsverzeichnis

Abbildung 2.1.: Schematische Darstellung der unterschiedlichen Stabilisierungs-mechanismen für Dispersionskolloide (Lagaly 1997) 20

Abbildung 2.2.: Schematische Darstellung der unterschiedlichen Emulgierverfahren, die zum mechanischen Emulgieren verwendet werden (Schubert 2005) 22

Abbildung 2.3.: Vorgänge bei der Besetzung neuer Grenzfläche (Schubert 2005) 26

Abbildung 2.4.: Kritische laminare WEBER-Zahl in Abhängigkeit vom Viskositätsverhältnis ($\lambda=\eta_D/\eta_K$) für verschiedene laminare Strömungsformen: reine Scherströmung ($\alpha=0$), hyperbolische Dehnströmung ($\alpha=1$) (Walstra und Smulders 1998) 31

Abbildung 2.5.: Schematische Darstellung der Prozesse, die während der Tropfenbildung auftreten (nach Schubert 2005) 36

Abbildung 2.6.: Erzielbarer Tropfendurchmesser in Abhängigkeit von der benötigten Energiedichte für unterschiedliche Emulgierverfahren nach Schubert 1999 (Schultz et al. 2002) 40

Abbildung 2.7.: Unterschiedliche Typen von Hochdruckdispergiereinheiten (Schultz et al. 2002) 41

Abbildung 2.8.: Polymorphe von Triglyceriden (nach Bunjes und Unruh 2007) 46

Abbildung 2.9.: Polymorphie der Triglyceride (nach Garti und Sato 1998) 47

Abbildung 2.10.: Schematische Darstellung der molekularen Anordnung in einem Tristearat-Einzelkristall (nach Skoda et al. 1967) 48

Abbildung 2.11.: Bedeutung der heterogenen Kristallisation in einphasigen Systemen und in Emulsionstropfen 49

Abbildung 2.12.: Thermogramme des Aufheizens von Trimyristin Suspensionen. Beschriftung: D14: Dynasan114; Ty: Tyloxapol; Zahl: Partikeldurchmesser in nm (PCS z-average) Bunjes et al (2000) 51

Abbildung 2.13: Cryo TEM Aufnahme (links) und Gefrierbruch TEM Aufnahme (rechts) von Tristearin Dispersionen (Bunjes et al 2007); Balken = 100 nm; oben: kugelförmige (s) und plättchenförmige (a) Partikel; Mitte; kugelförmige außerhalb der Bildebene gebrochene (S-c), und solche die aus der Bildebene herausragen (S-o); unten: plättchenförmige Partikel mit interner Struktur in Stapeln (l) 53

Abbildung 2.14.: Schematisches Modell des Prozesses während der Erstarrung von Triglycerid Nanopartikeln (Bunjes et al. (2007) 54

Abbildungsverzeichnis

Abbildung 2.15: Schematische Darstellung der bevorzugten Adsorption von Phospholipid und Glycocholate an den verschiedenen Seiten der festen Partikel (nach Bunjes et al. 2007) 56

Abbildung 3.1.: Chemische Struktur der Polyoxyethylen-(20)-Sorbitanfettsäureester: Tween 80 (Belitz et al. 2001) 61

Abbildung 3.2.: Chemische Struktur von Span 80 (Belitz et al. 2001) 61

Abbildung 3.3.: Chemische Struktur von Natriumdodecylsulfat 61

Abbildung 3.4.: Herstellung und Nomenklatur von Alkylethoxylaten 62

Abbildung 3.5.: Fließschema der verwendeten Emulgieranlage 63

Abbildung 3.6.: Volumenstrom in Abhängigkeit vom Homogenisierdruck für den verwendeten Homogenisator Emulsiflex C5 63

Abbildung 3.7.: Schnitte und Funktionsprinzip der verwendeten Homogenisierdüse, Bemaßung in mm 64

Abbildung 3.8.: Schematische Darstellung der Messung des Zetapotentiales (Ax 2004) 66

Abbildung 3.9.: Messanordnung der *Spinning Drop* Methode (Pohl 2005) 69

Abbildung 4.1.: Thermogramme des Bulkmaterials Dynasan 114 für Heiz- und Kühlläufe mit 5 °C/min 72

Abbildung 4.2.: Temperaturabhängige dynamische Viskositäten der Triglyceridschmelzen bzw. des Triglyceridöls 74

Abbildung 4.3.: Einfluss von Span 80 (9% [m/m]) auf die dynamischen Viskositäten von D114 Schmelzen und MCT-Öl 75

Abbildung 4.4.: Temperaturabhängige Grenzflächenspannungen der einzelnen Triglyceridschmelzen gegen eine den Formulierungen entsprechende Tween 80-Lösung; *Pendant Drop* 77

Abbildung 4.5.: Grenzflächenspannungen der einzelnen Triglyceridschmelzen gegenüber den verwendeten Emulgatorlösungen, vermessen mit *Spinning Drop* 78

Abbildung 4.6: Oben: Mittlere Partikelgrößen – z-average; Mitte: Polydispersitätsindizes (PI); unten: Zetapontentiale, in Abhängigkeit der Emulgatorkonzentration, stabilisiert mit Tween 80 81

Abbildung 4.7.: Zetapotentiale der Formulierungen, stabilisiert verschiedenen Emulgatoren und Mischungen 82

Abbildung 4.8.: Mittlerer Partikeldurchmesser PCS *z-average* (oben) und Polydispersitätsindex (unten) in Abhängigkeit der Durchgänge stabilisiert mit Tween 80 84

Abbildung 4.9.: Mittlerer Partikeldurchmesser (oben) und Polydispersitätsindex (unten) in Abhängigkeit der Düsendurchgänge stabilisiert mit Lutensol TO20 85

Abbildung 4.10: Mittlerer Partikeldurchmesser (oben) und Polydispersitätsindex (unten), in Abhängigkeit der Durchgänge, stabilisiert mit 4 % SDS 87

Abbildung 4.11.: Gefrierbruch TEM Aufnahmen von einer Emulsion (oben) und einer Suspension (unten) 89

Abbildung 4.12.: Mittlerer Partikeldurchmesser (oben) und Polydispersitätsindex (unten), in Abhängigkeit vom Homogenisierdruck, stabilisiert mit Tween 80 91

Abbildung 4.13.: Mittlerer Partikeldurchmesser (oben) und Polydispersitätsindex (unten), in Abhängigkeit vom Homogenisierdruck, stabilisiert mit Lutensol TO20 93

Abbildung 4.14.: Mittlerer Partikeldurchmesser (oben) und Polydispersitätsindex (unten), in Abhängigkeit vom Homogenisierdruck, stabilisiert mit 4 % SDS 95

Abbildung 4.15: Mittlerer Partikeldurchmesser (oben) und Polydispersitätsindex (unten), in Abhängigkeit vom Homogenisierdruck, stabilisiert mit ca. 3 % Tween 80 und ca. 1 % Span 80 96

Abbildung 4.16.: Thermogramme von Dispersionen, stabilisiert mit Tween 80, in Abhängigkeit von der mittleren Partikelgröße während des Abkühlens 99

Abbildung 4.17.: Thermogramme von Suspension, stabilisiert mit Tween 80, in Abhängigkeit von der mittleren Partikelgröße während des Aufheizens 101

Abbildung 4.18.: Auswertung der DSC Thermogramme (Schmelztemperaturen) von Suspensionen, stabilisiert mit Tween 80 101

Abbildung 4.19.: SAXS Diffraktogramme von Trimyristin Emulsionen und Suspensionen, stabilisiert mit Tween 80 102

Abbildung 4.20.: Auswertung der DSC Thermogramme (Schmelztemperaturen) von Suspensionen, stabilisiert mit Lutensol TO20 103

Abbildung 4.21.: SAXS Diffraktogramme von Trimyristin Emulsionen und Suspensionen, stabilisiert mit Lutensol TO20 104

Abbildung 4.22.: Thermogramme von Trimyristin Dispersionen, stabilisiert mit SDS, in Abhängigkeit der mittleren Partikelgröße, aufgenommen während des Abkühlens mit 5 °C/min 105

Abbildung 4.23.: Einfluss der Temperatur nach der Herstellung auf die Thermogramme von SDS stabilisierten Dispersionen 106

Abbildung 4.24.: SAXS Diffraktogramme mit Werten von Trimyristin Dispersionen bei verschiedenen Lagertemperaturen, stabilisiert mit SDS 107

Abbildung 4.25.: Thermogramme von Trimyristin Dispersionen, stabilisiert mit SDS und Span 80, in Abhängigkeit von der mittleren Partikelgröße, aufgenommen während des Kühlens mit 5 °C/min 108

Abbildungsverzeichnis

Abbildung 4.26.: Thermogramme von Trimyristin Dispersionen, stabilisiert mit SDS und Span 80, in Abhängigkeit von der mittleren Partikelgröße, aufgenommen während des Heizens mit 5 °C/min..................109

Abbildung 4.27.: Auswertung der DSC Thermogramme (Schmelztemperaturen) von Suspensionen, stabilisiert mit verschiedenen Emulgatoren, homogenisiert bei 800 bar, im Vergleich zu berechneten Werten nach der Gibbs-Thomson-Gleichung $\Delta T_m = T_o - T(h_p) = -4\gamma_{sl} v / l_p \Delta h_{sl}$ (Gl. 2.28), mit den Werten: γ_{sl} = 20 mN/m, T_o = 56,4 °C, l_p =3,6 nm, v = 0,98 cm^3/g, Δh_{sl} = 178 J/g.........111

Tabellenverzeichnis

Tabelle 3.1.:	Zusammensetzung der Dispersionen, die mit öl- und wasserlöslichen Emulgatoren hergestellt wurden	59
Tabelle 3.2.:	Fettsäurekettenlängen, Schmelztemperaturen und dynamische Viskositäten der untersuchten Lipide	60
Tabelle 3.3.:	Schmelzenthalpien der **Trimyristin** (Dynasan 114) Modifikationen (Garti und Sato 2001)	60
Tabelle 3.4.:	Lamellare Abstände l (*Long Spacings*) der Trimyristin Modifikationen	60
Tabelle 3.5.:	Stabilität von Dispersionen nach Riddick (1966)	66
Tabelle 4.1:	Thermoanalytische Parameter von Dynasan 114 im Vergleich zu Literaturangaben	73
Tabelle 4.2.:	Zusammenfassung der Untersuchungen zur Variation des Energieeintrages	97

Symbolverzeichnis

Lateinische Buchstaben

A	Fläche	m^2
A_V	volumenspezifische Grenzfläche	m^2/m^3
b	Exponent der Prozessfunktion	[-]
C	Konstante	-
d	Tropfendurchmesser	m
$d_{3,2}$	Sauterdurchmesser	m
d_h	hydraulischer Durchmesser	m
E	freie Grenzflächenenergie	J
E_V	volumenbezogene Energiedichte	Pa
h	Spalthöhe der Dispergierdüse	m
h_P	Höhe eines plättchenförmigen Partikels	m
Δh_m	Schmelzenthalpie	J/g
Δh_{cr}	Kristallisationsenthalpie	J/g
Δh_{sl}	spezifische Schmelzenthalpie des Partikels	J/kg
K	Kollisionsfrequenz	m^3/s
L_0	Mikromaßstab der Tubulenz, Kolmogorov Länge	m
L_e	Makromaßstab der Tubulenz	m
l	Abstand zwischen Triglyceridschichten	nm
M	Molmasse	g/mol
M_H	Molmasse des hydrophilen Molekülteils	g/mol
M_i	Massenbruch	-
p_L	Laplace Druck; Kapillardruck	Pa
Δp	Druckverlust	Pa
PI	Polydispersitätsindex	-
R_i	Krümmungsradius	m
r	Radius	m
s	Weg	m
t	Zeit	s
T_{Onset}	Onsettemperatur	°C
T_{Peak}	Peaktemperatur	°C

Symbolverzeichnis

$\bar{t}_v$	mittlere Verweilzeit in der Homogenisierdüse	s
U	benetzter Umfang	m
u	turbulente Geschwindigkeit	m/s
u'	turbulente Schwankungsgeschwindigkeit	m/s
$\bar{u}$	Mittelwert der turbulenten Geschwindigkeit	m/s
v	Geschwindigkeit	m/s
$\bar{v}$	mittlere Geschwindigkeit	m/s
$\dot{V}$	Volumenstrom	m³/s
W	Koaleszenzwahrscheinlichkeit	-
x	Wirbelgröße bei Turbulenz	m

Griechische Buchstaben

α	Koeffizient Dehn- und Scherströmung	-
γ	Grenzflächenspannung zwischen Flüssig/flüssig-Phasen	N/m
γ_{sl}	Grenzflächenspannung zwischen Fest/flüssig-Phasen	N/m
δ	mittlere freie Weglänge	m
ε	volumenbezogene Leistungsdichte	W/m³
Γ	Grenzflächenbelegungsdichte	mol/m²
ς	Zetapotential	V
θ	Streuungswinkel der Diffraktometrie	Grad(°)
η	dynamische Viskosität	Pas
λ	Mikromaßstab der Turbulenz	m
λ	Viskositätsverhältnis	-
λ	Wellenlänge	m
ν	kinematische Viskosität	m²/s
ρ	Dichte	kg/m³
σ	äußere Spannung	Pa
τ	Schubspannung	Pa
φ	Volumenanteil der dispersen Phase: Lipidanteil	%
Ω	Koaleszenzfrequenz	m³/s
ω	Winkelgeschwindigkeit	1/s

Symbolverzeichnis

Tiefgestellte Indizes

0	Stoffwerte des Bulkmaterials
ads	Adsorption von Emulgatoren
cr	*crtical*, kritisch
D	disperse Phase
HDH	Hochdruckhomogenisator
K	kontinuierliche Phase
kr	kritisch
def	Deformation eines Tropfens
kol	Kollision mit einem anderen Tropfen
Pl	Plateauwert
Krist	Kristallisation
m	melt
rel	relativ
sl	solid liquid

Abkürzungen

BESSY	Berliner Elektronenspeichering Gesellschaft für Synchrotronstrahlung
CMC	*Critical Micellization Concentration*
D110	Dynasan 110
D114	Dynasan 114
D116	Dynasan 116
DESY	Deutsches Elektronen-Synchrotron
DLVO	Derjagin, Landau, Verwey, Overbeek
DSC	*Differential Scanning Carlorimetry*
HLB	*Hydrophilic Lipophilic Balance*
MCT	*Middle Chain Triglyceride Oil*, Miglyol812
PCS	*Photon Correlation Spectroscopy*
PI	Polydispersitätsindex
PIT	Phaseninversionstemperatur
SDS	*Sodium Dodecyl Sulfate*
SLN	*Solid Lipid Nanoparticle*

Zusammenfassung

Durch Schmelzeemulgieren (80 °C) in einem Hochdruckhomogenisator wurden kolloidale Tri-myristinsuspensionen hergestellt. Zur Einstellung der Partikelgröße und Ermittlung der Prozessfunktion wurde der volumetrische Energieeintrag über den Druckverlust variiert.
Zur Stabilisierung der Formulierungen wurden öl- und wasserlösliche Emulgatoren eingesetzt. Wasserlösliche Emulgatoren waren die nicht-ionischen Tenside Tween 80 und Lutensol TO20 und das ionische Tensid Natriumdodecylsulfat (SDS). Als öllöslicher Emulgator diente Span 80.
In Voruntersuchungen wurden die folgenden Stoffwerte ermittelt: 1. Schmelz- und Kristallisationsverhalten des Ausgangsmaterials, 2. dynamische Viskosität der Trimyristin-schmelzen und 3. Grenzflächenspannungen im Gleichgewicht zwischen den untersuchten Stoffsystemen. Die so erhaltenen Partikel, die auch als *Solid Lipid Nanoparticles* (SLN) bezeichnet werden, wurden mittels Photonenkorrelationsspektroskopie (PCS) hinsichtlich ihrer Partikelgröße, ihrer Polydispersität und ihres Zetapotenziales untersucht. Mit *Differential Scanning Calorimetry* (DSC) wurden Thermogramme des Schmelzens und der Kristallisation der dispersen Phase aufgenommen. Kleinwinkelröntgendiffraktometrie von Synchrotronstrahlen (SAXS) diente zur Aufklärung der Kristallmodifikationen des Trimyristins. Von Tween 80 stabilisierten Formulierungen wurden Gefrierbruch-Transmissionselektronenmikroskopie-Bilder aufgenommen.
Es zeigte sich, dass es mit dem Modelllipid Trimyristin möglich war, den Übergang von Miniemulsionen zu festen Partikeln messtechnisch einfach zu erfassen. Das Emulgierergebnis wurde durch die Adsorptionskinetik der wasserlöslichen Emulgatoren bestimmt und nicht durch die Grenzflächenspannung im Gleichgewicht. Die Schmelz- und Kristallisationstemperaturen waren im Vergleich zum Ausgangsmaterial zu tieferen Temperaturen hin verschoben. Die Feststoffmodifikation des Trimyristins wurde von SDS und Lutensol beeinflusst.

Keywords:
Schmelzeemulgieren, Hochdruckhomogenisieren, Kristallisation in Miniemulsionen, *Solid Lipid Nanoparticles* (SLN), organische Hydrokolloide

Title

Melt emulsification in a high pressure homogenizer to produce solid colloidal triglyceride particles

Abstract

Colloidal solid trimyristin suspensions were produced in a melt oil in water emulsification process using a high pressure homogenizer at 80 °C. The pressure drop in the homogenization valve was varied. The yielded particle size is described as a function of the pressure drop corresponding to the volumetrical energy density.

To stabilize the system, water soluble and oil soluble emulsifiers were used. As water soluble surfactant non-ionic Tween80 and Lutensol TO20 and anionic sodium dodecyl sulfat (SDS), and as oil soluble surfactant Span80 were investigated.

To get the determinant physical properties for the process preexaminations were carried. These were 1. the melting and crystallization characteristic of the bulk material 2. the viscosity of the molten trimyristin and 3. equilibrium interface tensions of the used surfactants to molten triglycerides.

The produced particles also known as Solid Lipid Nanoparticles (SLN) were analyzed with photon correlation spectroscopy (PCS) for particle size and dispersity as well as zeta potential. The recrystallizations as well as the melting behaviour of the triglyceride suspensions were investigated with differential scanning calorimetry (DSC). The crystal modifications of the dispersed trimyristin were studied with x-ray diffraction of synchrotron radiation. Pictures were taken of dispersion stabilized with Tween80 with freeze fracture transmission electron microscopy (TEM).

The following results were obtained from the investigations. Trimyristin was suitable for measuring the transition from miniemulsions to Solid Lipid Nanoparticles. The particle size distributions of the emulsions were determined by the adsorption kinetics of the water-dissolvable emulsifiers and not by the equilibrium interface tension. The temperatures of melting and crystallisation were shifted to deeper temperatures in comparison to the basic material. The solid modification of the trimyristins was influenced by SDS and Lutensol.

Keywords:

Melt Emulsification, High Pressure Homogenization, Crystallization in Miniemulsions, Solid Lipid Nanoparticles (SLN), Organic Hydrocolloid

1 Einleitung und Zielsetzung

Viele organische Wirk- und Effektstoffe sind in Wasser schwer löslich oder sogar unlöslich. Wässrige Anwendungsformen erfordern daher besondere Formulierungsverfahren, um die physiologische (Pharma, Kosmetik, Pflanzenschutz, Ernährung) oder technologische Wirkung (Lacke, Druckfarben, Toner) nutzen zu können oder zu optimieren. Werden hydrophobe Wirk- und Effektstoffe kolloidal in Wasser dispergiert, ergeben sich interessante Eigenschaften wie die drastische Erhöhung der Löslichkeit und die damit einhergehende Verbesserung der biologischen Resorption. Weiterhin ist die Modifizierung optischer, elektrooptischer und anderer physikalischer Eigenschaften mit Teilchengrößen im mittleren und unteren Nanometerbereich (50 - 500 nm) erzielbar (Horn und Rieger 2001).

Die Verteilung eines Stoffes in einem Dispersionsmittel wird als kolloidal bezeichnet, wenn mindestens eine Dimension der dispergierten Phase kleiner als 1 µm ist. Üblicherweise grenzt man die kolloidale Dispersion bei etwa 1 nm gegen echte Lösungen ab (Lagaly et al 1997). Zu Beginn des 20. Jahrhunderts wurde der Begriff Kolloid in der physikalischen Chemie u. a. durch Wolfgang Ostwald oder Bancroft etabliert (Horn und Rieger 2001, Lagaly et al 1997, Dörfler 2002, Lyklema 1991). Steigt mit sinkendem Partikeldurchmesser das Oberflächen- zu Volumenverhältnis an, hat das zur Folge, dass sich Grenzflächeneffekte gegenüber Volumeneffekten verstärken. Beispielhaft seien hierfür als Oberflächeneffekte der Stoff- und Energietransport sowie Reibungskräfte genannt. Massenkräfte bzw. Volumkräfte sind die Lichtstreuung sowie Trägheitskräfte.

Richard Feynman gilt auf Grund seines im Jahre 1959 gehaltenen Vortrages *„There's Plenty of Room at the Bottom"* (Feynman 1959) als Begründer der Nanotechnologie, gebraucht wurde dieser Begriff allerdings erstmals von Taniguchi (1974). Beide sehen die gezielte Beeinflussung von Stoffeigenschaften auf atomarer oder molekularer Ebene als wesentlich an. In den Fokus von technologischen Anwendungen gelangte die Thematik in den 1980er Jahren aufgrund der Entwicklung von preiswerteren und einfacher handhabbaren Messgeräten zur Analyse von kolloidalen Systemen. In jüngster Zeit werden vermehrt Anstrengungen zur Normung unternommen, die sich in der „ISO/TS 27687:2008 *Nanotechnologies - Terminology and definitions for nano-objects - Nanoparticle, nanofibre and nanoplate"* wieder finden. Unter Nanopartikeln versteht man gemäß dieser Norm Teilchen, die in allen drei Raumrichtungen Abmessungen kleiner als 100 nm besitzen.

Ein Beispiel für einen der oben genannten Wirk- und Effektstoffe ist das Carotenoid ß-Carotin, das zahlreichen Obst und Gemüsesorten seine leuchtende rot-gelbe Farbe verleiht und das in Wasser unlöslich ist. Der Einsatz als Farbstoff in wässrigen Lebensmitteln oder auch zur Tierernährung erfordert Formulierungstechnologien, die für den Organismus unbedenklich sind. Um ß-Carotin zu formulieren, werden je nach Applikation verschiedene Technologien angewendet. Zu den Wichtigsten zählen das Lösen in einem Öl mit anschließender Emulgierung oder das Hydrosolverfahren der BASF, bei dem das ß-Carotin zusammen mit einem lösungsvermittelnden Makromolekül in einem wässrigen System kristallisiert. Ein neuartiges alternatives Verfahren zum Formulieren von ß-Carotin ist das Schmelzeemulgieren (Henschel et al. 2008, Henschel 2009). Das Schmelzeemulgieren wird seit etwa 25 Jahren seitens der Pharmazie unter dem Begriff *Solid Lipid Nanopartcle* (SLN) untersucht. Dabei werden bei Raumtemperatur feste hydrophobe Stoffe (Lipide, Fette) gemeinsam mit einem Wirkstoff oberhalb ihrer jeweiligen Schmelzpunkte in eine Tensidlösung emulgiert. Bei anschließender Rückführung auf Raumtemperatur kristallisieren die Lipide, und es entstehen feste Partikel (Speiser 1985, Müller et al. 1995). Bei Untersuchungen mit Triglyceriden als disperse Phase treten physikalische Effekte der Formulierungen in den Vordergrund, die bei Teilchengrößen oberhalb von etwa 5 µm keine Bedeutung besitzen. Bei feinstdispergierten Triglyceridformulierungen erfolgt die Kristallisation bei niedrigeren Temperaturen als im Ausgangsmaterial oder in gröber dispergierten Systemen. Das Schmelzen des feinstdispergierten Triglycerides erfolgt im Vergleich zum Ausgangsmaterial in mehreren diskreten thermischen Ereignissen und nicht in einem einzelnen. Zudem können bestimmte Emulgatoren mit dem Triglycerid eigene feste oder flüssig-kristalline Phasen bilden, die eine Charakterisierung des kolloidalen Systems erschweren (Bunjes et al. 2007).

Um Dispersionskolloide zu erzeugen ist es nötig, dass bereits die Tropfengrößenverteilung der Emulsionen in einer entsprechenden Größenordung liegt. In diesem Fall wird von parenteralen Fettemulsionen oder auch von Miniemulsionen gesprochen. Sie besitzen eine enge Teilchengrößenverteilung mit mittleren Partikelgrößen unter 500 nm. Derzeit wird intensiv an Miniemulsionen mit Tröpfchengrößen im Bereich von 100 nm geforscht (Kempa et al. 2006). Zur Herstellung von Miniemulsionen werden in der industriellen Praxis üblicherweise Hochdruckhomogenisatoren eingesetzt. Eine modellhafte Beschreibung des Prozesses zur Herstellung von Miniemulsionen liegt mit dem Energiedichtekonzept vor (Schubert 2005, Walstra 2005). Die Einflussgrößen für die erzielbare Partikelgröße sind hierbei neben dem mechanischen Energieeintrag, die Viskositäten, Volumenanteile sowie die wirkende Grenzflächespannung der beteiligten Phasen. Keine Berücksichtigung bei diesem Modell findet die Adsorptionskinetik, also die Geschwindigkeit mit der die Emulgatormoleküle an der Grenzfläche adsorbieren um gegen Koaleszenz zu stabilisieren. Für die Herstellung von Miniemulsionen ist jedoch bekannt, dass die Adsorptionskinetiken der verwendeten Emulgatoren eine Schlüsselrolle besitzen (Kempa et. 2006).

Das Emulgieren, bei dem am Ende des Prozesses ein Flüssig/flüssig-System erhalten wird, ist durch die Ingenieurswissenschaften sehr ausführlich untersucht worden. Arbeiten zum Schmelzeemulgieren dagegen liegen kaum vor. Bauer und Schwers (2003) und Stang und Wolf (2005) sehen das Verfahren als Alternative zur Nassvermahlung mit hohem Potential an. Ohne Angaben zum Stoffsystem stellten sie fest, dass beim Schmelzemulgieren im Vergleich zur Nassvermahlung kleinere Partikel mit engeren Verteilungen bei weniger Durchgängen bzw. kürzeren Verweilzeiten durch die Dispergier- bzw. Zerkleinerungszone erhalten werden können.

Solid Lipid Nanoparticles (SLN) wurden bisher überwiegend in der Pharmazie erforscht. Der Großteil der Publikationen behandelt die Wirkstoffinkorporation und -freisetzung in diesen kolloidalen Arzneistoffträgern. Das Verfahren des Schmelzemulgierens selbst wurde nur in wenigen Arbeiten behandelt (Liedtke et al. 2000). Als Emulgiermaschine im Labormaßstab wurden überwiegend Ringspalthomogenisatoren eingesetzt (APV Micron LAB 40, Avestin EmulsiFlex-B3 und das in der vorliegenden Arbeit benutzte Nachfolgemodell EmulsiFlex-C5). Die Partikelgröße wird durch die Verwendung unterschiedlicher Emulgatoren und der Erhöhung der Konzentration (bis zu 10% bei 10% Lipidgehalt) bei gleichzeitig höheren Homogenisierdrücken eingestellt (Bunjes 1998).

Das Konzept der Energiedichte einschließlich der Bedeutung der Adsorptionskinetik wurde noch nicht auf die Herstellung von Solid Lipid Nanoparticles übertragen. Ziel dieser Arbeit soll es daher sein die Erkenntnisse der Prozesswissenschaften, die den Emulgierschritt betreffen, mit denen der Pharmazie, hinsichtlich der Eigenschaften der festen dispersen Phase, zu verbinden.

Durch systematische Untersuchungen der Verfahrens- und Stoffparameter sollen Zusammenhänge der Einflussgrößen auf die resultierenden Formulierungen bestimmt werden. Zu den Eigenschaften dieser nanopartikulären Lipidformulierungen zählen die mittlere Partikelgröße und Partikelgrößenverteilung, die Partikelmorphologie, das Schmelz- und Kristallisationsverhalten sowie die kristalline Modifikation.

Als Modelllipid wird Trimyristin, das einen Schmelzpunkt von etwa 56 °C besitzt, mittels Hochdruckhomogenisation wasserdispergierbar formuliert und die Partikelgröße und Partikelgrößenverteilung des enstehende kolloidalen Systems mit *Photon Correlation Spectroscopy* (PCS) gemessen. Für die mathematisch-physikalische Beschreibung des Prozesses durch das Energiedichtekonzept werden die benötigten Stoffwerte des Modellsystems in

1. Einleitung und Zielsetzung

Voruntersuchungen bestimmt. Eine Überprüfung des Energiedichtekonzeptes erfolgt durch Variation der Grenzflächenspannung sowohl im Gleichgewicht wie auch dynamisch im Prozess.

Das Schmelz- und Kristallisationsverhalten des Triglycerides in kolloidal dispergiertem Zustand wird ermittelt und die Auswirkungen auf das entstehende Partikel bestimmt. Neben der Elektonenmikroskopie für die Partikelmorphologie werden dazu in dieser Arbeit für alle untersuchten Stoffsysteme thermische Analysen mittels *Differential Scanning Calorimetry* (DSC) durchgeführt und die Feststoffmodifikation mit Kleinwinkelröntgenstreuung (SAXS) untersucht.

2 Stand des Wissens

2.1 Miniemulsionen

Emulsionen sind disperse Mehrphasensysteme aus mindestens zwei ineinander nahezu unlöslichen Flüssigkeiten. Im einfachsten Fall handelt es sich um ein Zweiphasensystem aus einer wässrigen (polaren, hydrophilen) und einer öligen (apolaren, lipophilen) Phase. Die innere oder disperse Phase liegt in Form von Tropfen in der äußeren, kontinuierlichen Phase verteilt vor. Grundsätzlich lassen sich Emulsionen nach dem Charakter der dispersen und kontinuierlichen Phase unterscheiden. Ist die disperse Phase lipophil und die kontinuierliche hydrophil, so spricht man von einer Öl-in-Wasser (O/W) Emulsion. Im umgekehrten Fall, bei hydrophiler disperser Phase und lipophiler kontinuierlicher Phase von einer Wasser-in-Öl (W/O) Emulsion. Die makroskopischen Eigenschaften der Emulsion werden, wenn der Volumenanteil φ (Volumenverhältnis disperser zu kontinuierlicher Phase) bis etwa 30 % beträgt, von der kontinuierlichen Phase bestimmt (Karbstein 1994). Es können auch Mehrfachemulsionen vorliegen. Bei ihnen ist eine O/W-Emulsion in Öl (O/W/O) oder eine W/O-Emulsion in Wasser (W/O/W) verteilt (Lagaly 1997, Schubert 2005).

Der mittlere Tropfendurchmesser von Emulsionen wird von Karbstein (1994) und Lagaly (1997) mit 0,1 bis 100 µm angegeben. Als Miniemulsionen werden von Landfester et al. (2005) Emulsionen mit Tropfendurchmessern zwischen 30 bis 500 nm und von Schubert (2005) solche mit Tröpfchengrößen kleiner 1 µm bezeichnet.

Miniemulsionen sind thermodynamisch instabil. Dies hat zur Folge, dass die disperse Phase bestrebt ist, sich durch Tropfenkoaleszenz zu größeren Bereichen zu vereinigen, um auf diese Weise die Grenzflächenenergie zwischen den beiden Phasen zu verringern. Instabilität kann sich durch Aufrahmen bzw. Sedimentation von Tropfen aufgrund von Dichteunterschieden der beiden Phasen oder durch Tropfenaggregation oder -koaleszenz äußern. Dies kann zum teilweisen oder vollständigen Auflösen des dispersen, kolloidalen Zustands führen (Lagaly et al. 1997).

Im Gegensatz dazu sind Mikroemulsionen thermodynamisch stabil. Sie bilden sich spontan, wenn sich eine extrem niedrige Grenzflächenenergie zwischen den beiden Phasen bildet. Mikroemulsionen sind nicht Gegenstand dieser Arbeit, allerdings sind mizellare Lösungen bzw. Dispersionen verdünnte Mikroemulsionen. Damit treten diese Assoziationskolloide in jedem Prozess auf, der oberhalb der kritischen Mizellbildungskonzentration (vgl. Abschnitt 2.1.1), so wie in der vorliegenden Arbeit, gefahren wird. Sie unterscheiden sich sowohl in der Her-

2 Stand des Wissens

stellung als auch in der Stabilität grundsätzlich von den in dieser Arbeit behandelten Miniemulsionen (Lagaly 1997, Schubert 2005). Durch Zugabe von Emulgierhilfsstoffen wie Emulgatoren und/oder Stabilisatoren, können Emulsionen kinetisch stabilisiert werden. Hierdurch wird eine Tropfenkoaleszenz über einen gewissen Zeitraum - unter Umständen bis zu einigen Jahren - verhindert. Nach Lagaly (1997) gibt es bei Dispersionskolloiden drei Stabilisierungsmechanismen, die in Abbildung 2.1 schematisch dargestellt sind.

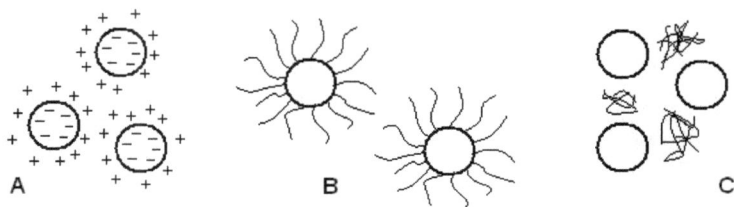

Abbildung 2.1.: Schematische Darstellung der unterschiedlichen Stabilisierungsmechanismen für Dispersionskolloide (Lagaly 1997)

Zur **elektrostatischen Stabilisierung** (A) müssen an der Oberfläche der Teilchen Ladungen vorhanden sein. Diese Ladungen können durch adsorbierte, geladene Emulgatoren, durch Adsorption von Ionen an (ungeladenen) Emulgatoren, Ionenaustausch zwischen disperser und kontinuierlicher Phase oder durch Ladungstrennung an der Grenzfläche entstehen. Da die Phase, die die geringere elektrische Leitfähigkeit besitzt, stets negativ geladen ist, liegt bei Öl-in-Wasser--Systemen negative Ladung der dispersen Phase vor (Schubert 2005, Schubert und Armbruster 1989).

Die Grenzflächenladung wird durch Gegenionen kompensiert. Eine Schicht aus Grenzflächenladung und Gegenionen nennt man elektrische Doppelschicht. Man unterscheidet in Abhängigkeit von der Anordnung der Gegenionen das Helmholtz-Modell (starre Anordnung der Gegenionen), das Gouy-Chapman-Modell (diffuse Anordnung der Gegenionen) und das Stern-Modell, das beide Modellvorstellungen vereint (Brezesinski und Mögel 1993, Schubert 2005, Schubert und Armbruster 1989, Lipatow 1953, Müller 1996). Die Abstoßung zwischen den angelagerten Gegenionen stabilisiert die Teilchen. Neben diesen abstoßenden elektrostatischen Kräften liegen Anziehungskräfte (z. B. Van-der-Waals-Kräfte) vor. Der Einfluss der Kräfte wird durch die nach Derjagin, Landau, Verwey und Overbeek entwickelten Theorie

(DLVO) (Brezesinski und Mögel 1993, Schubert 2005, Müller 1996, Dörfler 2002) beschrieben, auf die hier nicht näher eingegangen werden soll.

Sterische Stabilisierung (B) liegt vor, wenn Moleküle durch Adsorption oder kovalente Bindungen an die Teilchenoberfläche gebunden sind, und dadurch verhindert wird, dass sich die Teilchen annähern können. Stark verzweigte Kohlenwasserstoffreste oder langkettige Polyethylenoxidgruppen verhindern ein gegenseitiges Durchdringen der die Tropfen umgebenden Emulgatorschichten. Höhermolekulare Emulgatoren, wie z. B. Proteine mit mehreren grenzflächenaktiven Zentren, können an der Grenzfläche mehrfach adsorbieren, Dies hat zur Folge, dass Moleküteile als so genannte „Schleifen" und „Schwänze" in die kontinuierlichen Phase hineinragen und eine räumliche Barriere bilden. Ein anderer Fall einer sterischen Stabilisierung bei Öl-in-Wasser-Emulsionen ist die Ausbildung einer Hydrathülle bei bestimmten Emulgatoren, wie z. B. den Monoglyceriden. Durch die feste Anlagerung von Wassermolekülen wird der Einbruch eines zweiten Öltröpfchens verhindert (Schubert 2005).

Für die **Verarmungsstabilisierung** (C) müssen sehr hohe Polymerkonzentrationen vorliegen. Wenn ein Polymer nicht an die Teilchen adsorbiert, sondern in der kontinuierlichen Phase verbleibt, wird eine Dispersion üblicherweise destabilisiert (Verarmungsflockung). Nur bei sehr großen Polymerkonzentrationen kommt es zur Stabilisierung (Verarmungsstabilisierung) (Lagaly 1997). Bei Formulierungen, die Gegenstand der vorliegenden Arbeit sind, spielt dieser Mechanismus keine Rolle.

Zur Charakterisierung von Emulsionen sind die Art und die Konzentration des Emulgators wichtig. Zusammen mit der volumenspezifischen Grenzfläche A_V, der Grenzflächen-Belegungsdichte Γ, und der Zusammensetzung der Grenzphase, bestimmen die Emulgatoren die Grenzflächenspannung und Grenzflächenrheologie (Walstra 2005).

Die Partikelgrößenverteilung der Emulsionstropfen ist eine weitere wichtige Charakterisierungsgröße. Kleinere Partikel und eine engere Verteilung bedeuten im Allgemeinen eine Erhöhung der kolloidalen Stabilität. Eine enge Partikelgrößenverteilung bewirkt eine Unterdrückung der Ostwaldreifung. Der Grund liegt in den beschriebenen Stabilisierungsmechanismen, die durch Oberflächenkräfte bewirkt werden.

Das Oberflächen- zu Volumenverhältnis steigt mit Verkleinerung des Partikeldurchmessers. Durch die Einführung einer mittleren Partikelgröße wie dem Sauterdurchmesser $d_{3,2}$ oder dem *z-average* Durchmesser, der durch die Photonenkorrelationsspektroskopie erhalten wird, ist es möglich, die volumenspezifische Grenzfläche bzw. Oberfläche A_V in Abhängigkeit vom Volumenanteil φ darzustellen (Walstra 2005). Der Sauterdurchmesser stellt die der spezifischen

2 Stand des Wissens

Oberfläche des gesamten Partikelkollektivs entsprechende mittlere Teilchengröße dar (Stieß 1992):

$$A_V = 6\frac{\varphi}{d_{3,2}} \qquad (2.1)$$

Emulsionen können mit verschiedenen Methoden erzeugt werden. Zu unterscheiden sind mechanische und nicht-mechanische Herstellungsverfahren. Zu den nicht-mechanischen Verfahren, die nicht Gegenstand dieser Arbeit sind, zählen zum Beispiel Keimbildung und Wachstum aus übersättigter Lösung der dispersen Phase in der kontinuierlichen Phase (Vincent et al. 1998). Auch die Herstellung einer Emulsion aufgrund einer Phaseninvasion durch Änderung der Temperatur, zählt zu den nicht-mechanischen Methoden (von Rybinski 2005).

Die vorliegende Arbeit befasst sich mit Emulgieren durch mechanische Verfahren. Sie besitzen für die industrielle Praxis eine größere Bedeutung als die nicht-mechanischen Verfahren und unterscheiden sich durch die Art des Energieeintrages in das Fluid. Intensives Mischen mit hohem mechanischem Energieeintrag ist das am häufigsten eingesetzte Verfahren zur Erzeugung von Roh- und Feinemulsionen (siehe Abbildung 2.2).

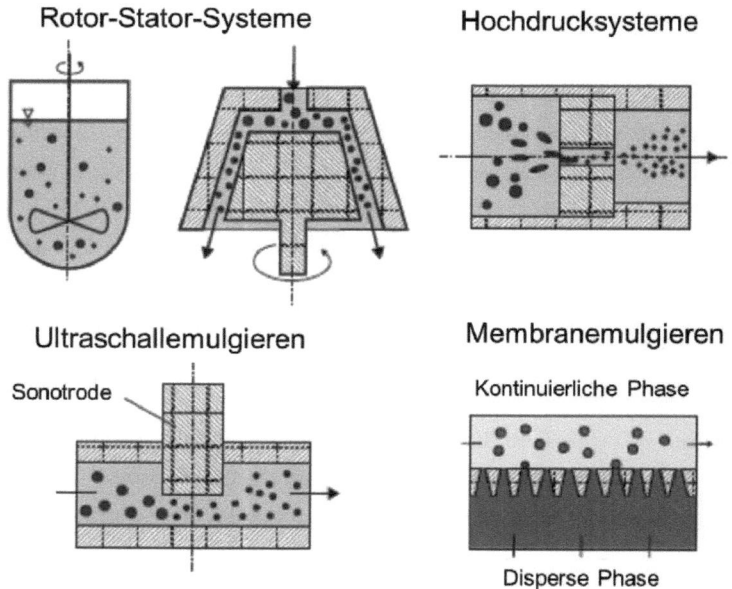

Abbildung 2.2.: Schematische Darstellung der unterschiedlichen Emulgierverfahren, die zum mechanischen Emulgieren verwendet werden (Schubert 2005)

Es werden je nach Aufgabenstellung Rotor-Stator-Systeme wie Kolloidmühlen bzw. Zahnkranzdispergiermaschinen oder Hochdruckhomogenisatoren eingesetzt. Auch durch das Einspritzen der dispersen in die kontinuierliche Phase kann eine Emulsion erzeugt werden. Zu diesem Verfahren gehört das Membranemulgieren (Schubert 2005). Weiterhin kann die mechanische Energie mit Ultraschall eingebracht werden (Bechtel et al. 1999).

2.1.1 Emulgatoren

Emulgatoren sind grenzflächenaktive Substanzen, die einen großen Einfluss auf das Emulgierergebnis und der Stabilisierung des kolloidalen Systems besitzen. Zum einen setzen sie die Grenzflächenspannung zwischen den beteiligten Phasen herab und erleichtern damit das Emulgieren. Zum anderen verhindern sie Koaleszenz nach dem Tropfenaufbruch und sorgen für Stabilität während des Emulgiervorgangs (Karbstein 1994, Stang 1998, Timmermann 2005, Walstra 2005). Bei kolloidalen Lipidsuspensionen verhindern sie darüber hinaus eine Aggregation der festen Partikel (vgl. Abschnitt 2.2.6). Sie liegen gelöst oder dispergiert in einer Flüssigkeit vor. Der Emulgator bestimmt den Typ der Emulsion, also ob eine O/W oder W/O Emulsion gebildet wird (Timmermann 2005).

Die Grenzflächenaktivität ist im Aufbau der Emulgatormoleküle begründet. Sie besitzen wenigstens eine Gruppe mit starker Affinität zu Substanzen starker Polarität, wodurch die Löslichkeit im Wasser verursacht wird. Weiterhin gibt es mindestens eine Gruppe, die keine Affinität zu Wasser besitzt. Emulgatormoleküle besitzen also mindestens einen hydrophilen und einen hydrophoben Teil und damit einen amphiphilen Aufbau. Dieser amphiphile Charakter verursacht in wässriger Lösung, dass Tenside grenzflächenaktiv sind; d. h. sie adsorbieren an den Grenzflächen der wässrigen Phase, und zwar unabhängig davon, ob eine Gasphase, eine flüssige oder eine feste Phase angrenzt (Walstra 2005).

Emulgatoren lassen sich in niedermolekulare Verbindungen und grenzflächenaktive Polymere unterteilen. Zu den grenzflächenaktiven Polymeren gehören beispielsweise Polyvinylalkohol oder Proteine (Walstra 2005). Die niedermolekularen amphiphilen Verbindungen, im Folgenden Emulgatoren genannt, lassen sich in vier Stoffklassen unterteilen (Stache 1981, Stang 1998, Walstra 2005)

- Anionische Tenside, die in wässriger Lösung negative geladene Ionen bilden, wie z. B. Seifen, Alkan-, Ester- und Alkylsulfonate (Natriumdodecylsulfat (*Sodium Dodecyl Sulfate – SDS*), Natriumglycocholat.

- Kationische Tenside, die in wässriger Lösung positiv geladene Ionen bilden, z. B. geradkettige oder zyklische Ammoniumverbindungen.
- Nicht-ionische Tenside, die in wässriger Lösung keine Ionen bilden, z. B. Sorbitanfettsäureester (Tweens, Spans), Alkylethoxylate (Lutensol), Mono- bzw. Diglyceride von Fettsäuren (Propylenglycol Monostearat)
- Amphotere Tenside, die als Zwitterionen sowohl anionaktive als auch kationaktive Gruppen besitzen, wie z.b. Sulfobetaine und Glycerinderivate mit Betainstruktur

Für wasserlösliche Emulgatoren ist die kritische Mizellbildungskonzentration (*Critical Micellization Concentration* - CMC) von Bedeutung. Oberhalb einer für den jeweiligen Emulgator spezifischen Konzentration lagern sich die zuvor gelösten Emulgatormoleküle zu Mizellen zusammen. Für den Fall eines polaren Dispersionsmittels befinden sich dann die apolaren Teile im Inneren der Mizelle, während die polaren Kopfgruppen außen angeordnet sind (vgl. auch Abbildung 2.3). In apolaren Lösungsmitteln ist die Orientierung der Moleküle andersherum. Bei der kritischen Mizellbildungskonzentration nimmt die Grenzflächenspannung einen konstanten Wert an. Als Anhaltswerte für die CMC in wässriger Lösung können 0,01 bis 10 mmol/mol, bzw. 10 mg/l bis 3 g/l angenommen werden. Ionische Emulgatoren besitzen dabei Werte im unteren Bereich, während die nicht-ionischen bei höheren Konzentrationen mizellieren.

Um den Charakter eines Emulgators beschreiben zu können, d.h. seine Wasserlöslichkeit bzw. apolare Affinität beschreiben zu können, wird der HLB-Wert (Hydrophilic Lipophilic Balance) verwendet. Nach Griffin gilt:

$$HLB = 20 \left(\frac{M_H}{M} \right) \qquad (2.2)$$

Wobei M die Molmasse des gesamten Moleküls und M_H die Molmasse des hydrophilen Molekülteils ist. Eher lipophile Emulgatoren haben einen niedrigen, eher hydrophobe Emulgatoren einen höheren HLB-Wert. Normalerweise bleibt jene Phase, in der sich der Emulgator besser löst, die äußere Phase. Nach der Bancroft-Regel wird bei einem HLB-Wert von 3 bis 6 die Emulsion eine W/O-Emulsion, von 8 bis 18 eine O/W-Emulsion (Brezesinski und Mögel 1993, Lagaly et al. 1993, Walstra 2005).

Die HLB-Systematik wurde für nicht-ionische Emulgatoren entwickelt und liefert für diese Systeme brauchbare Anhaltswerte. Für ionische Emulgatoren lässt sich Gleichung 2.2 nicht anwenden, da ionische Emulgatoren höhere Werte als 20 aufweisen. Hier ist nicht der prozentuale Anteil der funktionellen Gruppen, sondern die Stärke der Wechselwirkungen mit Wasser ausschlaggebend. Durch Korrekturfaktoren wurde die Gl. (2.2) auf HLB-Werte von 1-40 erweitert (Brezesinski und Mögel 1993).

Eine wichtige Eigenschaft von Emulgatoren für die Herstellung von Emulsionen ist die Löslichkeit in beiden beteiligten Phasen. Die Löslichkeit wird stark von der Temperatur beeinflusst. Viele wasserlösliche und einige öllösliche Tenside besitzen eine so genannte Krafft-Temperatur. Unterhalb dieser Temperatur bilden sie Kristalle, und in der Lösung verbleibt nur eine sehr niedrige Konzentration (Walstra 2005).

Nicht-ionische Tenside besitzen bei Erhöhung der Temperatur über einen bestimmten Wert einen Trübungspunkt (*Cloud Point*). Hierbei erfolgt die Auftrennung der Lösung in zwei flüssige Phasen (Stache 1981, Myers 2006). Für die Praxis folgt, dass ein bestimmtes Tensid nur in einem begrenzten Temperaturbereich eingesetzt werden kann. Aufgrund von veränderten Wechselwirkungen der hydrophilen Gruppen der Emulgatormoleküle mit Wasser bei Erhöhung der Temperatur - die Wechselwirkungen werden verringert - wird der hydrophile Effekt abgeschwächt und der hydrophobe Charakter verstärkt. Der HLB-Wert nimmt mit steigender Temperatur bis zur Phasenumkehr ab. Bei der Phaseninversionstemperatur (PIT) wird aus der dispersen die kontinuierliche Phase und umgekehrt (Brezesinski und Mögel 1993, Lagaly et al. 1993).

Die Phasendiagramme für wässrige Lösungen von einigen ionischen Emulgatoren in Abhängigkeit von der Temperatur sind bekannt. Beim Schmelzemulgieren werden üblicherweise Emulgatorkonzentrationen bis maximal 5 % [m/m] eingesetzt. In diesem Bereich liegt das in der vorliegenden Arbeit verwendete Natrium Dodecyl Sulfat (SDS) bei Temperaturen bis mindestens 180 °C in kugelförmigen Mizellen als isotrope Phase mit niedriger Viskosität vor (Tadros 2005).

Die sich einstellende Grenzflächenspannung bei ausreichender Belegung der Grenzfläche mit Emulgatormolekülen liegt für Triglycerid-Öl Wasser Systeme bei Verwendung von nicht-ionischen Emulgatoren üblicherweise im Bereich zwischen 2 und 5 mN/m. Werden allerdings Alkylethoxylate als Emulgatoren verwendet, so ergeben sich deutlich niedrigere Werte. Auch die Temperaturabhängigkeit der Grenzflächenspannung ist nicht für jeden Emulgatortyp gleich. Während die Grenzflächenspannung für die meisten Emulgatoren mit der Temperatur sinkt (Tadros 2005), fällt sie bei Verwendung von Alkylethoxylaten zunächst ebenfalls, steigt ab einer bestimmten Temperatur jedoch wieder an (Scottman und Strey 1997). Für die Tropfenbildung im Emulgierprozess bedeuten niedrige Grenzflächenspannungen eine Erleichterung der Tropfendeformation und des Aufbruchs (Walstra 2005).

2 Stand des Wissens

Mischungen von Emulgatoren können die Gleichgewichtsgrenzflächenspannung erhöhen oder auch erniedrigen. Eine Mischung aus ionischen und nicht-ionischen Emulgatoren wirkt ebenso wie eine Mischung aus einem besser wasserlöslichen und einem eher öllöslichen Emulgator häufig synergetisch. Es wird angenommen, dass dieser Effekt auf die maximale Packungsdichte der Emulgatoren an der Grenzphase zurückzuführen ist. Für äquimolare Mischungen aus vergleichbaren Tweens und Spans sind synergetische Effekte bekannt (Walstra 2005). Der HLB-Wert von Emulgatormischungen setzt sich additiv aus den HLB-Werten der einzelnen Komponenten mit den Massenanteilen m_i zusammen:

$$HLB = \sum m_i HLB_i \qquad (2.3)$$

2.1.2 Grenzflächenbesetzungskinetik von Tensiden

Die Grenzflächenbesetzungskinetik beschreibt die Geschwindigkeit, mit der Tenside an Phasengrenzflächen adsorbieren, also die Änderung der Grenzflächenbelegungsdichte mit der Zeit. Eine Möglichkeit zur quantitativen Beschreibung dieser Kinetik ist durch das Messen der dynamischen Grenzflächenspannung möglich (Stang 1998).

Bei der Besetzung von neu gebildeten Grenzflächen laufen im Wesentlichen drei Schritte ab (Abbildung 2.3): Zunächst muss eine Demizellierung stattfinden, anschließend müssen die Emulgatormoleküle an die Grenzfläche transportiert werden (konvektiver/diffusiver Transport) und schließlich an der Phasengrenzfläche adsorbieren (Schubert und Armbruster 1989).

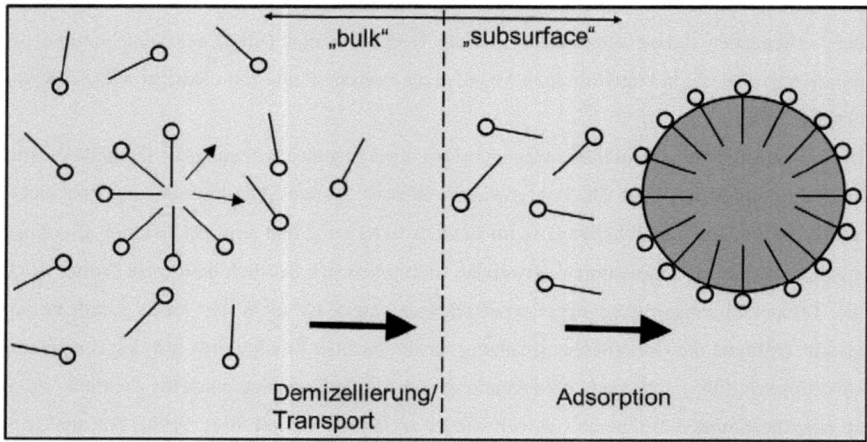

Abbildung 2.3.: Vorgänge bei der Besetzung neuer Grenzfläche (Schubert 2005)

2.2 Miniemulsionen

Ausgangspunkt ist eine Emulgatorlösung mit einheitlicher Konzentration (*Bulk*). Eine dünne Schicht unmittelbar unter der Grenzfläche wird als untere Grenzschicht bezeichnet. Sie endet an der unteren Grenzfläche (*Subsurface*). Emulgatormoleküle, die sich in der unteren Grenzschicht befinden, können sich ohne weiteren Transportwiderstand an der Grenzfläche anlagern (Stang 1998, Schubert 2005).

Nach der Bildung einer neuen Grenzfläche fällt die Emulgatorkonzentration der unteren Grenzschicht schlagartig auf null, da alle Emulgatormoleküle an der neuen Grenzfläche adsorbieren, und es entsteht ein Konzentrationsgradient zwischen der unteren Grenzschicht und der Bulkphase. Es werden weitere Emulgatormoleküle aus der Bulkphase in die untere Grenzschicht transportiert, um dann an der Grenzfläche adsorbieren zu können (Stang 1998, Schubert 2005).

Mit zunehmender Grenzflächenbelegungsdichte wird die Wahrscheinlichkeit größer, dass sich in der unteren Grenzschicht gelöste Emulgatormoleküle an einer Stelle der Grenzfläche befinden, die schon mit Emulgatormolekülen belegt ist. Die Emulgatorkonzentration in der unteren Grenzschicht steigt mit der Zeit an, bis die Konzentration an Emulgatormoleküle in der unteren Grenzschicht der Konzentration an Emulgatormolekülen in der Bulkphase entspricht (Stang 1998, Schubert 2005).

Die Adsorption von Emulgatoren kann diffusions- oder barrierenkontrolliert verlaufen. Sie ist diffusionskontrolliert, wenn die Diffusion von der Bulkphase in die untere Grenzschicht langsamer ist als die Anlagerung. Die Adsorption von niedermolekularen, einfach aufgebauten Molekülen, wie sie in der vorliegenden Arbeit verwendet werden, ist üblicherweise diffusionskontrolliert. Die Konzentration in der Bulkphase hat in diesem Fall einen starken Einfluss auf die Adsorptionskinetik des Emulgators, da der Konzentrationsgradient in der unteren Grenzschicht mit steigender Emulgatorkonzentration steiler und damit der Stofftransport erhöht wird. Als experimentelle Bestätigung wurde von Stang (1998) die dynamische Oberflächenspannung eines schnellen nicht-ionischen mit Tween vergleichbaren Emulgators (LEO-10) mit der Berstmembranmethode vermessen. Dabei zeigte sich, dass mit steigender Emulgatorkonzentration die Oberflächenspannung mit der Zeit immer schneller abnimmt.

Barrierenkontrollierte Adsorption liegt vor, wenn die Diffusion schneller ist als die Anlagerung. So können beispielsweise Ladungsbarrieren von Bedeutung sein, wenn die Grenzflächen und die Emulgatormoleküle gleich geladen sind. Auch strukturelle Änderungen oder Umlagerungen der an der Grenzfläche adsorbierten Emulgatormoleküle (z. B. bei globulären Proteinen) und/oder Verunreinigungen können zu einer barrierenkontrollierten Adsorption führen (Karbstein 1994, Stang 1998).

2.1.3 Mechanisches Emulgieren

Voraussetzung für die Bildung einer kinetisch stabilen Emulsion ist das Vorhandensein von zwei nicht mischbaren Phasen, mindestens eines Emulgators und der Eintrag von mechanischer Energie. Der Energieeintrag ist nötig, da die freie Grenzflächenenergie einer Emulsion höher ist als die, welche bei getrennten Phasen auftritt. Zur Vergrößerung der Oberfläche muss die freie Grenzflächenenergie

$$E = \gamma \Delta A_v \qquad (2.4)$$

mit γ als Grenzflächenspannung und ΔA_V als Vergrößerung der Oberfläche aufgebracht werden.

Die benötigte Energie, die zur Erzeugung einer Miniemulsion nötig ist, verdeutlicht folgendes Beispiel: Für einen Dispersphasenanteil von 10 %, einem Partikeldurchmesser von 300 nm und einer Grenzflächenspannung von 10 mN/m wäre die Zunahme der Freien Energie theoretisch (nach Gl. 2.4) ca. 20 kJ/m^3. Um beim mechanischen Emulgieren in der Praxis diese Partikelgröße zu erhalten, müssen allerdings 20 MJ/m^3 in die Dispersion eingebracht werden (Walstra 2005). Dafür gibt es mehrere Gründe. Während der Tropfendeformation ist die Partikeloberfläche teilweise größer als im Endzustand, in dem die Tropfen Kugelform aufweisen. Unzureichende Belegung der Grenzfläche mit Emulgatormolekülen während der Emulsionsbildung führt außerdem zu einer höheren Grenzflächenspannung. In der Dispergierzone eines Emulgierapparates erfolgt der Tropfenaufbruch mehrmals hintereinander, wobei jedes Mal mehr Energie benötigt wird als nach Gl. (2.4) für kugelförmige Tropfen nötig wäre. Weiterhin wird der weitaus größte Teil der Energie in der gesamten Homogenisierdüse in Wärme dissipiert und steht nicht zur Tröpfchenbildung zur Verfügung (Walstra 2005).

Beim Tropfenaufbruch konkurrieren formerhaltende und deformierende Kräfte miteinander. Wird ein Tropfen lange genug über ein kritisches Maß hinaus verformt, so führt das zum Tropfenaufbruch. Die deformierenden Kräfte werden bei allen mechanischen Tropfenzerkleinerungsverfahren durch die kontinuierliche Phase übertragen, welche unterschiedlichen Strömungsbedingungen unterworfen ist. Die Emulgiermaschine dient dabei „nur" zum Aufbau dieser Strömungsbedingungen (Schuchmann 2005).

Nach Walstra (2005) resultieren die tropfenerhaltenden Kräfte aus der Grenzflächenspannung, die sich mit dem Laplace Druck p_L (auch Kapillardruck genannt) charakterisieren lassen.

$$p_L = \gamma \left(\frac{1}{R_1} + \frac{1}{R_2} \right) \qquad (2.5)$$

Mit R_1 und R_2 als den Hauptkrümmungsradien der Grenzfläche für nicht kugelförmige Tropfen. Für kugelförmige Tropfen ist $R_1 = R_2 = d/2$, mit d als Partikeldurchmesser gilt dann:

$$p_L = \gamma \frac{4}{d} \qquad (2.6)$$

Die Deformation von Tropfen führt zu höheren Laplacedrücken und der Widerstand gegen Deformation ist für kleinere Tropfen größer.

Damit es zu einem Tropfenaufbruch kommen kann, müssen die an der Oberfläche angreifenden normalen bzw. tangentialen Spannungen die formerhaltenden überschreiten. Ein Maß für dieses Verhältnis ist die dimensionslose WEBER-Zahl We. Sie ist definiert als Quotient aus der an der Oberfläche angreifende Spannung σ und dem Laplacedruck des nicht deformierten Tropfens. Bedingung für den Tropfenaufbruch ist, dass $We > 1$.

$$We \equiv \frac{d\sigma}{2\gamma} \qquad (2.7)$$

Nach Schuchmann (2005) benötigt die Deformation eines Tropfens bei gegebener Spannung Zeit. Eine weitere Bedingung für den Tropfenaufbruch ist daher, dass der Tropfen lange genug den Spannungen ausgesetzt wird, so dass sich der Deformationszustand einstellen kann. Diese kritische Deformations- oder auch Aufbruchzeit $t_{def,cr}$ hängt unter anderem von der Viskosität der dispersen Phase η_d und der anliegenden Spannung σ ab und kann mit folgender Gleichung (Walstra 1993) näherungsweise ermittelt werden:

$$t_{def,cr} = \frac{\eta_d}{\sigma - p_L} \qquad (2.8)$$

Bei der theoretischen Beschreibung werden das Strömungsregime und die dabei auftretenden Kräfte zur **Deformation und Tropfenbildung** unterschieden. Neben der Kavitation können Deformation und Aufbruch von Tropfen in laminarer oder turbulenter Strömung erfolgen. In laminarer Strömung kann der Tropfenaufbruch in Scher- und Dehnströmungen stattfinden. In turbulenter Strömung wird zwischen Trägheits- und Reibungskräften unterschieden. Wenn die Tropfenbildung ausschließlich aufgrund eines Strömungsregimes erfolgt, ergeben sich Beziehungen zwischen der erreichbaren Größe der Emulsionstropfen, dem Energieeintrag und den jeweiligen Stoffwerten (Walstra 1993, Walstra 2005).

Zur theoretischen Beschreibung des Emulgierschrittes wird davon ausgegangen, dass die Emulsionstropfen sehr viel kleiner als die Abmessungen des Emulgierapparates sind und der Großteil weit genug von den Wänden entfernt ist und nicht von der laminaren Grenzschicht beeinflusst wird (*Unbounded Flow*). Für die besonderen Strömungsbedingungen in kleinen Laborhochdruckhomogenisatoren sei auf Abschnitt 2.1.5 verwiesen. Weiterhin wird eine konstante Grenzflächenspannung zwischen den beiden Phasen angenommen. Dies ist der Fall, wenn kein Emulgator oder Emulgator im Überschuss vorhanden ist (Walstra 2005). Bei den in dieser Arbeit durchgeführten Untersuchungen haben die Adsorptionskinetiken wie in Abschnitt 2.1.2 beschrieben einen starken Einfluss auf das Emulgierergebnis. Die folgenden vereinfachten Modelle zur Tropfenbildung sind daher als ideale theoretische Grenzfälle zu betrachten.

Tropfenaufbruch in laminarer Strömung

In **laminarer Strömung** sind auf den Tropfen übertragene Schubspannungen, also Reibungskräfte, zerkleinerungswirksam. Unterschieden werden muss zwischen einfacher Scherströmung und Dehnströmung. Während im ersten Fall die äußeren Spannungen σ durch $\eta \nabla v$ gegeben sind, ist es im zweiten Fall die Dehnrate. Als Konsequenz für die Tropfenbildung ergeben sich größere äußere angreifende Spannungen σ und Veränderungen im Tropfenaufbruch (Walstra 2005).

Bei laminarer Scherströmung verlaufen die Stromlinien parallel in Strömungsrichtung, wobei sich die Länge der Geschwindigkeitsvektoren senkrecht zur Scherrichtung ändern. Die Scherrate ist dann die Änderung der Geschwindigkeit senkrecht zur Strömungsrichtung. Das Fluid rotiert zunächst innerhalb des Tropfens. Bei weiterer Erhöhung der Scherrate bilden sich Ellipsoide in einer 45° Ausrichtung zur Strömungsrichtung, die rotieren. Es folgt schließlich der Tropfenaufbruch. Als Beispiel für eine Dehnströmung sei eine hyperbolische Strömung genannt, wie sie bei einer symmetrischen Querschnittsverengung auftritt. In laminarer Dehnströmung konvergieren die Stromlinien und der Geschwindigkeitsgradient verläuft hier in Strömungsrichtung. Die Tropfen werden in Strömungsrichtung gedehnt und schließlich aufgebrochen.

Die mathematische Beschreibung erfolgt mit Hilfe der kritischen WEBER-Zahl We. Die kritische laminare WEBER-Zahl gibt an, welche Tropfengröße d_{max} in laminarer Strömung nicht mehr aufgebrochen wird:

$$We_{cr} = \frac{d_{max} \sigma}{2\gamma} \qquad (2.9)$$

2.2 Miniemulsionen

Die kritische WEBER-Zahl ist abhängig vom laminaren Strömungstyp (vgl. Abbildung 2.4). Untersuchungen von Armbruster (1990) haben gezeigt, dass Tropfen nur dann in laminarer Scherströmung ($\alpha = 0$) zerkleinert werden können, wenn das Viskositätsverhältnis ($\lambda = \eta_D/\eta_K$) zwischen disperser und kontinuierlicher Phase kleiner als 4 ist. Charakteristisch ist ein Minimum für die kritische laminare WEBER-Zahl im Bereich zwischen 0,1 und 1. Außerhalb dieses Bereiches steigt die kritische WEBER-Zahl stark an (Abbildung 2.4), und eine Zerkleinerung ist energetisch ungünstig bzw. nicht möglich. Ursache hierfür ist, dass Tropfen bei laminarer Scherströmung so schnell rotieren können, dass die kritische Deformation bei großen Viskositätsverhältnissen nicht erreicht wird. Bei laminarer Dehnströmung ($\alpha=1$) rotieren sie nicht oder nur geringfügig. Die kritische laminare WEBER-Zahl für Dehnströmungen ist kleiner und der Einfluss des Viskositätsverhältnisses geringer. Als Folge ist eine Zerkleinerung auch bei Viskositätsverhältnissen, die größer als vier sind, möglich. Deutlich wird, dass bereits kleine Anteile von Dehnströmungen einen großen Einfluss auf die kritische WEBER-Zahl besitzen. Die kritische WEBER-Zahl ist in Dehnströmungen kleiner. Für reine Dehnströmungen und ein Viskositätsverhältnis $\lambda > 1$ ist die kritische WEBER-Zahl konstant. Mit zunehmenden Anteilen von Dehnströmungen verliert das Viskositätsverhältnis seinen Einfluss auf die Tropfenbildung (Armbruster 1990, Karbstein 1994, Walstra 2005).

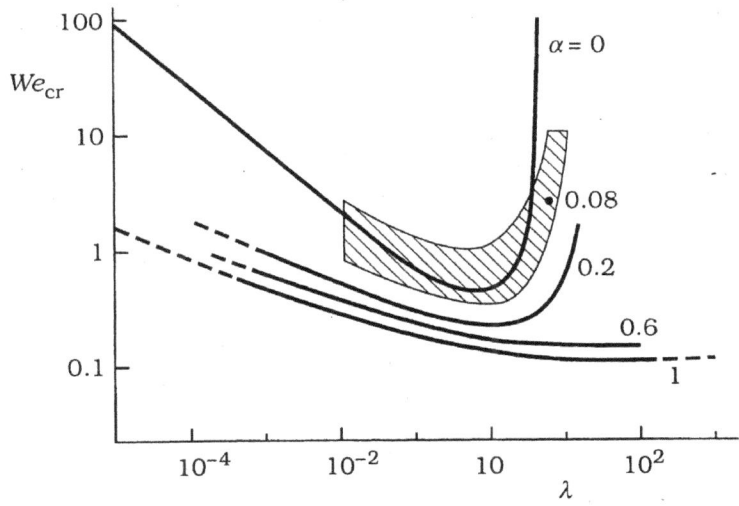

Abbildung 2.4.: Kritische laminare WEBER-Zahl in Abhängigkeit vom Viskositätsverhältnis ($\lambda=\eta D/\eta K$) für verschiedene laminare Strömungsformen: reine Scherströmung ($\alpha=0$), hyperbolische Dehnströmung ($\alpha=1$) (Walstra und Smulders 1998)

Die erreichbaren Tropfengrößen beim Emulgieren sind mit Hilfe der kritischen WEBER-Zahl abschätzbar. In laminaren Strömungen ist die angreifende Spannung σ durch die Schubspannung $\eta \nabla v$ gegeben. Mit Gl. (2.13) ergibt sich dann:

$$d \propto \frac{2\gamma We_{cr}}{\eta_k \nabla v} \qquad (2.10)$$

Tropfenaufbruch in turbulenter Strömung

In **turbulenter Strömung** können sowohl Trägheits- als auch Reibungskräfte Tropfenaufbruch bewirken. In turbulenter Strömung existieren Wirbel. Für die lokale Strömungsgeschwindigkeit u bedeutet das, dass sie von ihrem zeitlichen Mittelwert $\bar{u}$ abweicht. Die Geschwindigkeit schwankt zufällig um ihren Mittelwert. Die durchschnittliche Abweichung zwischen den beiden ist also null. Der quadratische Mittelwert $u' = \sqrt{\overline{(u-\bar{u})^2}}$ ist jedoch endlich und eine wichtige Größe zur Charakterisierung von turbulenten Strömungen. Für hochturbulente Strömungen (Re > 50000) und einem genügend großen Unterschied zwischen Makro- und Mikromaßstab, kann die Strömung als isotrop angenommen werden. Das bedeutet, dass u' unabhängig von der Richtung ist. Für diesen Fall können die von Kolmogorov aufgestellten Proportionalitätsbeziehungen für die Charakterisierung einer turbulenten Strömung verwendet werden (Karbstein 1994, Walstra 2005).

Große Wirbel einer turbulenten Strömung haben kleine Schwankungsgeschwindigkeiten u'. Da sie den größten Teil der kinetischen Energie enthalten, werden sie auch energietragende Wirbel oder Makromaßstab der Turbulenz genannt. Sie geben ihre Energie kaskadenartig an immer kleinere Wirbel ab, die größere Schwankungsgeschwindigkeiten u' besitzen. Die kleinsten Wirbel dissipieren ihre Energie schließlich in Wärme, weshalb sie auch energiedissipierende Wirbel oder Mikromaßstab der Turbulenz genannt werden (Karbstein 1994, Stang 1998, Schuchmann 2005). Die Größe dieser Wirbel, auch Kolmogoroff-Länge genannt, ist λ und kann mit der kinematische Viskosität v und Dichte ρ des Fluides sowie der volumenbezogene Leistungsdichte ε berechnet werden (Karbstein 1994, Stang 1998, Kraume 2003, Schuchmann 2005):

$$\lambda = v^{\frac{3}{4}} \varepsilon^{-\frac{1}{4}} \rho^{-\frac{1}{4}} \qquad (2.11)$$

Gegen die Deformation wirkt die Grenzflächenspannung. Tropfendeformation und -aufbruch in turbulenter Strömung werden von drei Spannungen kontrolliert:

- der Grenzflächenspannung γ

- der externen, deformierenden Spannung $\quad \sigma$
- und der viskosen Spannung im Tropfen $\quad \eta_d / d(\tau / \rho_d)$

Die viskose Spannung im Tropfen ergibt sich dabei aus der dynamischen Viskosität der dispersen Phase η_d, dem Tropfendurchmesser d, der anliegenden Schubspannung τ und der Dichte der dispersen Phase ρ_d. Neben der dimensionslosen WEBER-Zahl kann aus diesen drei Spannungen auch die dimensionslose OHNSORGE-Zahl gebildet werden, die den dämpfenden Viskositätseffekt der Flüssigkeit beschreibt:

$$Oh = \frac{\eta_d}{\sqrt{(\gamma \rho_d x)}} \quad (2.12)$$

Für die turbulente WEBER-Zahl gilt mit $\sigma = \rho_K u'^2$

$$We_{turb} = \frac{\rho_K u'^2}{p_L} \quad (2.13)$$

Mit Hilfe der WEBER-Zahl und der OHNSORGE-Zahl kann Tropfendeformation bzw. -aufbruch durch eine Funktion mit der Konstanten C beschrieben werden:

$$We_{cr} = C(1 + f(Oh)) \quad (2.14)$$

Der genaue Verlauf der Funktion $f(Oh)$ ist zwar nicht bekannt, allerdings geht er für kleine Werte der OHNSORGE-Zahl gegen null. Die WEBER-Zahl (und damit der maximale Tropfendurchmesser d_{max}, der gerade nicht mehr zerkleinert wird) ist somit für kleine OHNSORGE-Zahlen (geringe dynamische Viskosität η_d < 10 mPas) unabhängig von der Funktion $f(Oh)$. Auf die Zerkleinerung hat in diesem Fall nur die Leistungsdichte Einfluss, und der maximale Tropfendurchmesser d_{max} berechnet sich gemäß (Arai et al 1977, Karbstein 1994, Schubert 2005):

$$d_{max} \propto \gamma^{\frac{3}{5}} \rho_K^{-\frac{1}{5}} \varepsilon^{-\frac{2}{5}} \quad (2.15)$$

Bei nicht vernachlässigbaren großen OHNSORGE-Zahlen ist der maximale Tropfendurchmesser dagegen von der dynamischen Viskosität der dispersen Phase und von der eingetragenen Leistungsdichte abhängig. Der maximale Tropfendurchmesser ergibt sich zu:

$$d_{max} \propto \varepsilon^{-\frac{1}{4}} \rho_K^{-\frac{1}{2}} \eta_d^{\frac{3}{4}} \quad (2.16)$$

In homogenen, isotropen turbulenten Strömungsfeldern ist der maximale Tropfendurchmesser somit proportional zu $\varepsilon^{-0,4}$ für kleine OHNSORGE-Zahlen, die gegen null gehen und proportional zu $\varepsilon^{-0,25}$ bei nicht vernachlässigbarer OHNSORGE-Zahl bzw. dynamischer Viskosität der dispersen Phase.

Tropfenaufbruch aufgrund von Prallwirkung

Der Beitrag von **Prall und Stoß** als Zerkleinerungsmechanismus bei der Hochdruckhomogenisation in O/W-Emulsion wurde von Kiefer und Treiber (1975) untersucht. Dabei wurden folgende Beanspruchungen theoretisch und experimentell betrachtet.

a) Stoß der Tröpfchen gegeneinander

Die Wahrscheinlichkeit für gegenseitigen Tröpfchenstoß wird groß, wenn die mittlere freie Weglänge δ der Teilchen klein gegenüber dem Abstand h der begrenzenden Wände ist. Sie lässt sich ermitteln nach

$$\delta = \frac{d}{6c_i} \overline{(v_l / v_{rel})} \tag{2.17}$$

mit d = mittlerer Tröpfchendurchmesser, c_i = Volumenkonzentration der dispersen Phase und $\overline{(v_l / v_{rel})}$ = mittleres Geschwindigkeitsverhältnis der stoßenden Tropfen. Werden Daten eines charakteristischen Hochdruck-Homogenisierversuches eingesetzt, bewegt sich δ im Größenbereich eines Millimeters. Mit δ > h wird die Wahrscheinlichkeit für gegenseitigen Tröpfchenstoß äußerst gering.

b) Aufprall auf strömungsparallele oder dazu senkrecht angeordnete Flächen

Der Weg, den ein Tröpfchen mit der anfänglichen Relativgeschwindigkeit zurücklegen kann, beträgt:

$$s = \frac{4}{3} d \frac{\rho_d}{\rho_k} \frac{1}{a} \ln\left(\frac{a v_{rel} d}{bv} + 1\right) \tag{2.18}$$

Die Konstanten a und b sind aus der Approximation des Widerstandsgesetzes c_w = a + b/Re für umströmte Kugeln zu entnehmen. Die für homogenisierte Emulsionen sehr kleinen „Flugwege" führen zu sehr geringen Aufprallgraden, so dass auf einer nach dem Homogenisierspalt senkrecht angeordneten „Prallwand' nur eine verschwindend geringe Anzahl (bei Versuchsdaten von Kiefer und Treiber < 1 %) von Partikeln beansprucht werden kann.

c) Eintreten der Tropfen in die „langsame" Wandgrenzschicht":
Anhand einer Abschätzung der Kräftebilanz zwischen äußeren Druckkräften und den diesen entgegenwirkenden Grenzflächenkräften konnte der Durchmesser des kleinsten, auf diese Weise noch zerteilbaren Tropfens unter Berücksichtigung der Versuchsdaten zu d = 6 µm

bestimmt werden. Die von Kiefer und Treiber (1975) für die Versuche benutzte Rohemulsion besaß jedoch bereits Tropfendurchmesser von d < 22 µm.

Tropfenaufbruch aufgrund von Kavitation

Kavitation ist das Entstehen und Kollabieren von Dampfblasen in einer Flüssigkeit aufgrund von Druckschwankungen. Der Druck nimmt zunächst bis zum Dampfdruck der Flüssigkeit ab (z.B. beim Beschleunigen einer Flüssigkeit aufgrund von Querschnittsverengungen im Hochdruckhomogenisator) und steigt anschließend wieder an, was zum Kollabieren der bei Unterschreitung des Dampfdruckes gebildeten Dampfblasen (Kavitationsblasen) führt. Diese Implosion bei schnellem Druckanstieg bewirkt Druckwellen mit Druckspitzen bis zu 100 kbar und Temperaturen bis zu 10^4 K (Treiber und Kiefer 1976, Karbstein 1994, Tesch et al. 2002). Im Wesentlichen führen die durch diese Kollapsvorgänge bzw. Implosionen entstehenden Druckimpulse bei der Kavitation zur Tropfenzerkleinerung. Auch ein stark beschleunigter Flüssigkeitsstrahl, der durch eine kollabierende Blase hindurch schießt, kann einen benachbarten Tropfen zerkleinern. Ein weiterer denkbarer Mechanismus beruht darauf, dass das Kavitationsgeräusch Frequenzen enthält, die in der gleichen Größenordnung wie die Eigenfrequenz kleiner Tropfen liegt. Die Druckwellen infolge der Eigenschwingungen der Tropfen rufen Druckfluktuationen an der Grenzfläche hervor, die zum Aufbruch führen können (Treiber und Kiefer 1976, Karbstein 1994, Tesch et al. 2002).

Einfluss der Koaleszenz

Die Bedeutung der **Koaleszenz** nach dem Tropfenaufbruch zeigt Abbildung 2.5. Nach Bildung einer Rohemulsion bei geringem Energieeintrag, wird die endgültige Tropfengröße durch den Emulgierschritt bei hohem Energieeintrag bestimmt. Der Tropfendeformation muss der Tropfenaufbruch in kleinere Tropfen folgen. Dies ist mit einer Vergrößerung der Lipidoberfläche verbunden, an welche die Emulgatormoleküle transportiert werden müssen. Neu gebildete Tropfen können gegeneinanderprallen und dabei unter Umständen koaleszieren. Die erreichbare Partikelgröße der Dispersion wird dann nicht mehr vom Energieeintrag, sondern auch von der Koaleszenz bestimmt. Ob Koaleszenz eintritt, hängt u. a. von der Belegung der Grenzfläche mit Emulgatormolekülen ab. Ist die Tropfenoberfläche ausreichend mit Emulgatormolekülen belegt werden die Tropfen bei Annäherung abgestoßen und ihre Partikelgrößen bleiben konstant.

2 Stand des Wissens

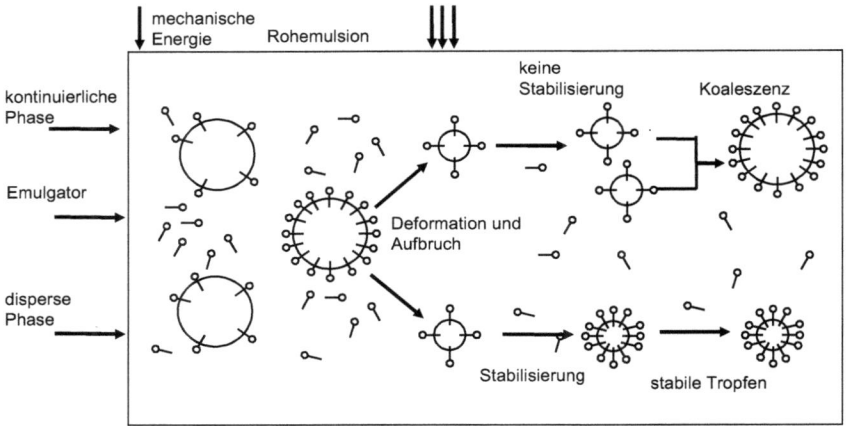

Abbildung 2.5.: Schematische Darstellung der Prozesse, die während der Tropfenbildung auftreten (nach Schubert 2005)

Untersuchungen von Kempa et al. (2006) zeigen, dass die Bedeutung der Adsorptionskinetik der Emulgatoren nach der Tropfenbildung für das Emulgierergebnis entscheidend ist. Sie zeigten, dass der Emulgator nicht die Dehnung der Tropfen vor und nach der Dispergierzone beeinflusst und damit auch nicht die Tropfenzerkleinerung. Die Zeit während der Dehnung und des Aufbruches ist zu kurz für die Anlagerung von Emulgatormolekülen. Das Emulgierergebnis wird durch die Unterdrückung von Koaleszenz nach der Tropfenzerkleinerung durch schnelle Adsorption von Emulgatormolekülen an den entstandenen Tropfen bestimmt.

Unter **Kurzzeitstabilität** wird die Stabilität der Tropfen unmittelbar nach der Zerkleinerung verstanden. Direkt nach dem Tropfenaufbruch werden die Tropfen in der strömenden Emulsion weiter bewegt. Daher können sie kollidieren und bei nicht ausreichender Belegung der Oberfläche mit Emulgatormolekülen auch koaleszieren. Die **Koaleszenzfrequenz** Ω ist ein Maß für die Kurzzeitstabilität und die Anzahl der Koaleszenzvorgänge pro Volumen und Zeit. Die Koaleszenzfrequenz hängt von der **Kollisionsfrequenz** K und der **Koaleszenzwahrscheinlichkeit** W ab. Die Kollisionsfrequenz ist die Anzahl der Tropfenkollisionen pro Zeit und Volumen. Die Koaleszenzwahrscheinlichkeit ist die Wahrscheinlichkeit, dass eine Kollision auch zur Koaleszenz führt (Stang 1998).

In der Dispergierzone und den anschließenden Anlageteilen eines Emulgierapparates befinden sich die Tropfen einer Emulsion in einer laminaren oder turbulenten Strömung. Prinzipiell gilt, dass die Kollisionsfrequenz mit der Leistungsdichte und dem Ölanteil steigt und mit steigender Viskosität der kontinuierlichen Phase abnimmt. In laminarer Strömung ist die Kollisionsfrequenz höher als in turbulenter Strömung (Stang 1998).

Die Vorgänge bei der Koaleszenz von Tropfen sind sehr komplex. Die **Koaleszenzwahrscheinlichtkeit** ist von vielen Faktoren abhängig. Wesentliche Einflussgrößen sind u. a. die Grenzflächenviskosität und/oder die Elastizität des Emulgatorfilms. Daneben hat unmittelbar nach der Tropfenzerkleinerung der Marangoni-Effekt (Lagaly 1997, Dörfler 2002) eine zusätzliche stabilisierende Wirkung: Nach dem Tropfenaufbruch liegen im Zwickelbereich zwischen zwei Tropfen zu wenige Emulgatormoleküle vor, um die Grenzfläche vollständig zu besetzen. Das führt in diesem Bereich zu einer höheren Grenzflächenspannung als an der übrigen Tropfenoberfläche. Der Emulgatorfilm bewegt sich in Richtung der höheren Grenzflächenspannung. Er schleppt dabei Moleküle der kontinuierlichen Phase mit in den Zwickelbereich. Der Druck in diesem Bereich steigt; die Tropfen werden dadurch stabilisiert (Stang 1998).

Die Koaleszenzwahrscheinlichkeit wird von der Drainagezeit und der Kollisionszeit beeinflusst. Bei der Annäherung zweier Tropfen wird kontinuierliche Phase, die sich zwischen diesen Tropfen befindet, verdrängt. Dieser Vorgang wird als Drainage bezeichnet. Die Tropfen können koaleszieren, wenn sie sich bis auf einen kritischen Abstand angenähert haben. Die Drainage bis zu diesem kritischen Abstand benötigt eine gewisse Zeit, die so genannte Drainagezeit. Sie wird durch die Wechselwirkungskräfte zwischen den Tropfen sowie durch die Viskosität der kontinuierlichen und dispersen Phase und durch die Verformung der Grenzflächen bestimmt. Die Zeit, in der die Tropfen sehr nahe beieinander sind, wird als Kollisionszeit bezeichnet. Die Tropfen können nur koaleszieren, wenn die Kollisionszeit größer als die Drainagezeit ist (Stang 1998).

In der Dispergierzone von Emulgierapparaten ist die Koaleszenzfrequenz meist niedrig. Aufgrund der hohen Leistungsdichte kollidieren die Tropfen zwar sehr oft, die Kollisionszeiten sind jedoch sehr kurz. Die Wahrscheinlichkeit, dass in diesen kurzen Zeiten der Film der kontinuierlichen Phase zwischen den Tropfen verdrängt wird und die Tropfen koaleszieren, ist äußerst gering (Karbstein und Schubert 1995).

Im Gegensatz dazu ist die Koaleszenzwahrscheinlichkeit beim kontinuierlichen Emulgieren in den Zonen mit geringer Leistungsdichte, d. h. üblicherweise in den auf die Dispergierzone folgenden Anlageteilen, sehr hoch (Karbstein 1994). Stabilisieren Emulgatoren die neu gebildeten Tropfen zu langsam, kann es in diesen Zonen zur Koaleszenz kommen (Stang 1998). Aus diesen Gründen werden die kleinsten Tropfen bei gleicher Energiedichte mit Kombiblenden (vgl. Abschnitt 2.1.5, Abbildung 2.7) erhalten, bei denen sich im Anschluss an die

2 Stand des Wissens

Dispergierzone eine Stabilisierungszone befindet. In dieser Stabilisierungszone werden die Emulsionstropfen in turbulenter Strömung bewegt, um die Zeit für die Adsorption von Emulgatormolekülen zu erhöhen, ohne dass es zur Koaleszenz kommt.

2.1.4 Energiedichtekonzept

Damit die verschiedenen Emulgierapparate miteinander verglichen werden können, wurde von Karbstein (1994) das Energiedichtekonzept eingeführt. Um Tropfen aufzubrechen, müssen die auf die Tropfenoberflächen übertragenden äußeren Spannungen σ lokal ausreichend lange die formerhaltenden Spannungen (Laplacedruck) überschreiten. Wie im vorangegangen Abschnitt ausführlich beschrieben, wird die Größe der äußeren Spannungen durch die Leistungsdichte ε bestimmt (Schuchmann 2005). Koglin et al (1981) und Karbstein (1994) zeigten, dass beim kontinuierlichen Emulgieren nicht nur die Leistungsdichte, sondern auch die Verweilzeit der Emulsion in der Dispergierzone das Zerkleinerungsergebnis beeinflusst. In turbulenten Strömungen gilt, wenn die Viskosität der dispersen Phase vernachlässigt werden kann (< 10 mPas), dass der maximale Tropfendurchmesser proportional $\overline{\varepsilon}^{-0,4}$ ist (vgl. Abschnitt 2.1.3). Bei hochviskosen Ölen dagegen, ist der Tropfendurchmesser proportional $\overline{\varepsilon}^{-0,25}$. Nach Koglin et al. (1981) ist der Sauterdurchmesser für kontinuierliche Emulgierverfahren proportional der mittleren Verweilzeit $\overline{t}_v^{-0,3}$. Alle Exponenten liegen in der gleichen Größenordnung. Das Produkt aus mittlerer Leistungsdichte und mittlerer Verweilzeit ist die volumenbezogene Energiedichte E_V. Bei der kontinuierlichen Tropfenzerkleinerung in turbulenter Strömung kann der Sauterdurchmesser $d_{1,2}$ daher entsprechend als Funktion der Energiedichte gemäß

$$d_{1,2} \propto \left(\overline{\varepsilon} \cdot \overline{t}_v\right)^{-b} = E_V^{-b} \text{ mit b= 0,25...0,4} \qquad (2.19)$$

beschrieben werden (Karbstein 1994).

Schuchmann (2005) gibt für die verschiedenen Strömungsregime folgende Zusammenhänge zwischen erzielbarer Tropfengröße und Energiedichte an:

In turbulenter Strömung und kontinuierlichem Betrieb mit kurzer Verweilzeit gilt:

$$d_{1,2} \propto E_V^{-0,25...0,4} \cdot \eta_d^{0...0,75} \qquad (2.20)$$

2.2 Miniemulsionen

In laminaren Strömungen ist die Energiedichte proportional zu den übertragenen Schubspannungen, für Scherströmungen gilt dann:

$$d_{1,2} \propto E_V^{-1} \cdot f\left(\frac{\eta_d}{\eta_k}\right) \tag{2.21}$$

Für laminare Dehnströmungen gilt:

$$d_{1,2} \propto E_V^{-1} \tag{2.22}$$

Die allgemeine Formulierung für ein beliebiges Strömungsregime, die in den verschiedenen Zerkleinerungsmaschinen (Abbildung 2.6) auftreten können, lautet:

$$d_{1,2} = C E_V^{-b} \tag{2.23}$$

mit b als Exponenten und C als Koeffizienten. C ist abhängig von der Dichte der Dispersion, der Grenzflächenspannung zwischen den beteiligten Phasen und den dynamischen Viskositäten der dispersen und kontinuierlichen Phase. Stang et al. 2001 bezeichnen den Koeffizienten C als ein Maß für die Effizienz des Tropfenaufbruches. Der Exponent b wird für den idealen Fall der vollständigen Unterdrückung von Koaleszenz nach der Tropfenbildung vom Strömungsregime bestimmt. Für den realen Fall kann b als Maß für die Adsorptionskinetik der jeweiligen Emulgatoren benutzt werden.

Das Energiedichtekonzept wurde entwickelt, um verschiedene Emulgiermaschinen miteinander vergleichen zu können, da die vorherrschenden Strömungsregime, und damit die Mechanismen der Tropfenbildung, sich jeweils unterscheiden. Auf der einen Seite ermöglicht das Konzept für eine Emulgieraufgabe (Tropfengröße) das Verfahren mit der kleinsten Energiedichte auszuwählen und damit die Herstellungskosten und den Verschleiß zu minimieren. Auf der anderen Seite wird der erzielbare Durchsatz nicht berücksichtigt (Schulz et al. 2002). In der

Abbildung 2.6 sind die Korrelationsfunktionen zwischen Partikelgröße und Energiedichte für die verschiedenen Emulgierverfahren und Apparate dargestellt. Die Angaben gelten für eine Modellemulsion mit folgenden Stoffwerten: η_k = 30 mPas, η_d = 60 mPas, $\rho_k = \rho_d \approx 1000$ kg/m³, γ = 10 mN/m, r : Rotordurchmesser, s : Spaltbreite.

2 Stand des Wissens

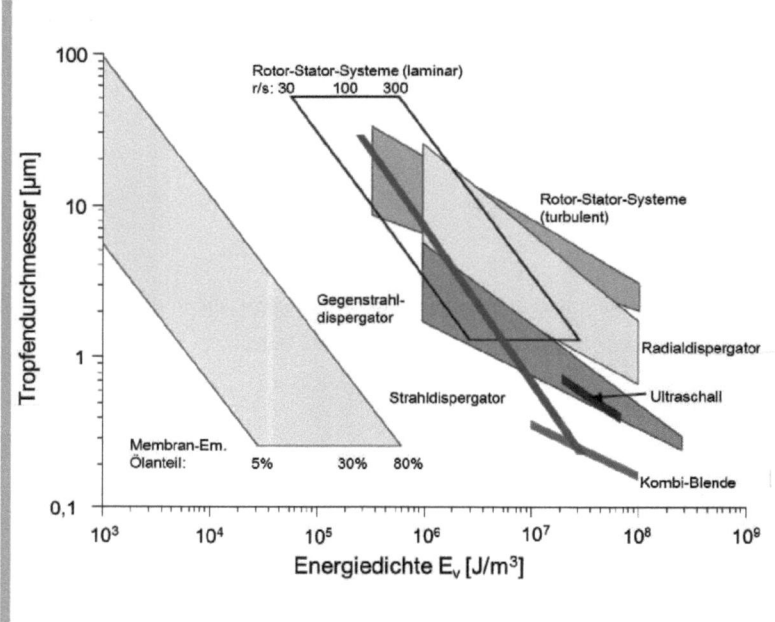

Abbildung 2.6.: Erzielbarer Tropfendurchmesser in Abhängigkeit von der benötigten Energiedichte für unterschiedliche Emulgierverfahren nach Schubert 1999 (Schultz et al. 2002)

2.1.5 Emulgieren in Hochdruckhomogenisatoren

Hochdruckhomogenisatoren (Abbildung 2.7) werden in Abhängigkeit von der Strömungsführung in Radialdiffusoren, Gegenstrahldispergatoren und axial durchströmte Düsenaggegate unterteilt. Der Zusammenhang zwischen erzielbarer Tropfengröße und Homogenisierdruck und der Energiedichte wird von Karbstein (1994) und Walstra (2005) unterschiedlich hergeleitet. Die Konsequenz der beiden unterschiedlichen Ansätze von Karbstein (1994) und Walstra (2005) ist, dass im zweiten Fall der Koeffizient b der Korrelationsfunktion zwischen Tropfengröße und

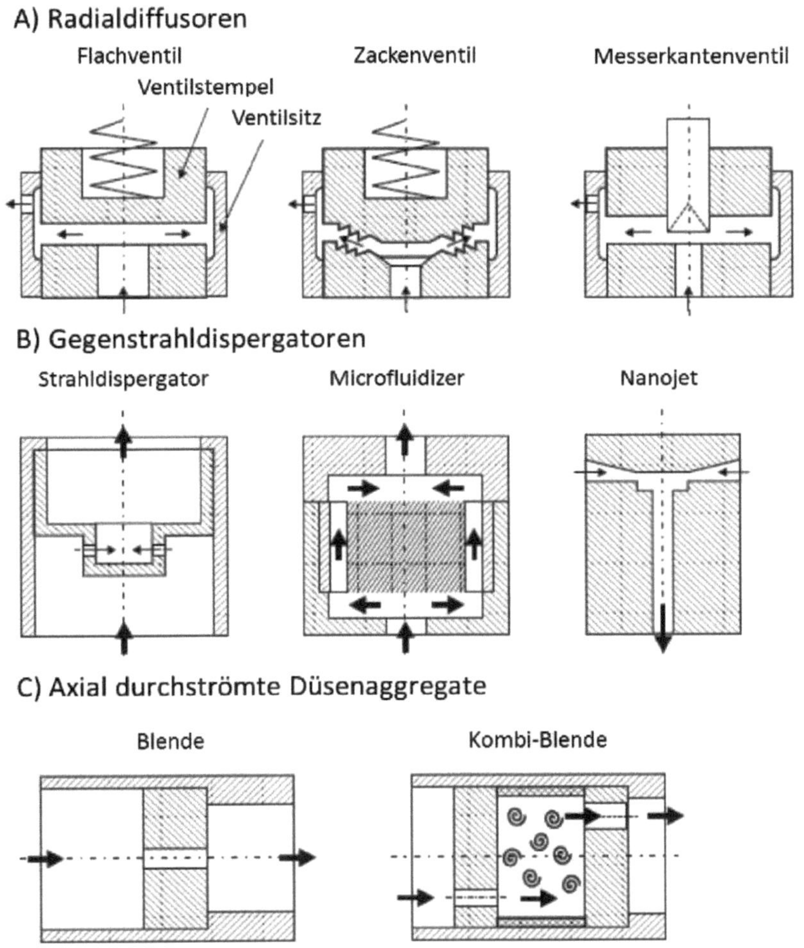

A) Radialdiffusoren

Flachventil — Ventilstempel, Ventilsitz

Zackenventil

Messerkantenventil

B) Gegenstrahldispergatoren

Strahldispergator

Microfluidizer

Nanojet

C) Axial durchströmte Düsenaggregate

Blende

Kombi-Blende

Abbildung 2.7.: Unterschiedliche Typen von Hochdruckdispergiereinheiten (Schultz et al. 2002)

Energiedichte größer wird. Die allgemein gültige volumenbezogene Leistungsdichte ε ist mit der Zeit t über

$$\varepsilon = p_{hom}/t \qquad (2.24)$$

mit dem Homogenisierdruck p_{hom} verbunden (Karbstein 1994, Walstra 2005). Der Homogenisierdruck entspricht dem Druckverlust innerhalb der Dispergierzone, wenn nach der Durchströmung auf Umgebungsdruck entspannt wird. Während Karbstein (1994) den Druckverlust gleich der Energiedichte setzt und den Zusammenhang zwischen Leistungsdichte und Energiedichte, wie in Abschnitt 2.1.5 beschrieben, herstellt, geht Walstra (2005) anders vor. In Gl. (2.24) ist t die Zeit für eine Passage der Flüssigkeit durch das Homogenisierventil. Sie ist umgekehrt proportional der Strömungsgeschwindigkeit v. Mit

$$p_{\text{hom}} = \frac{1}{2}\rho v^2 \quad (2.25)$$

ergibt sich

$$\varepsilon \approx (p_{\text{hom}})^{\frac{3}{2}} \quad (2.26)$$

und für einen beliebigen mittleren Durchmesser und bei Verwendung von Gl (2.15)

$$d \approx (p_{\text{hom}})^{-\frac{3}{5}}\gamma^{\frac{3}{5}}. \quad (2.27)$$

Walstra und Smulders (1998) haben Laborhomogenisatoren mit solchen, die im industriellen Maßstab Verwendung finden, verglichen. Für große REYNOLDS-Zahlen in Anlagen im industriellen Maßstab und niedrigen Viskositäten erfolgt die Zerkleinerung überwiegend aufgrund von Trägheitskräften in turbulenter Strömung und der Partikeldurchmesser ist proportional zu $p_{\text{hom}}^{-0,6}$ (Walstra und Smulders 1998) bzw. $p_{\text{hom}}^{-0,4}$ (Karbstein 1994). In kleinen Laborhomogenisatoren kann die Spaltbreite im unteren Mikrometerbereich liegen. Das hat zur Konsequenz, dass die laminare Unterschicht der Strömung einen merklichen Anteil am Gesamtquerschnitt beansprucht und somit ihr Anteil bei der Tropfenzerkleinerung berücksichtigt werden muss (Kiefer 1977). Das bedeutet, dass eine wichtige Vorraussetzung für die theoretische Beschreibung des Tropfenaufbruches unter Umständen nicht mehr erfüllt ist (vgl. Abschnitt 2.1.3). Der Tropfenaufbruch findet nicht mehr unbeeinflusst von der Wand des Apparates statt. In diesem Fall liegt eine laminare durch die Wand beeinflusste Strömung vor („bounded flow"). Der Tropfendurchmesser ist dann proportional $p_{\text{hom}}^{-0,9}$ (Walstra und Smulders 1998).

Mehrere Autoren gehen davon aus, dass die Tropfenbildung in Hochdruckhomogenisiermaschinen durch Überlagerung verschiedener Mechanismen verursacht wird. Zu diesen zählen laminare Dehnströmung, insbesondere bei Querschnittsverengungen, Zähigkeits- und Trägheitskräfte in turbulenter Strömung, Kavitation (Kiefer 1977, Karbstein 1994, Stang 1997, Walstra 2005) und bei kleinen Geometrien Scherkräfte in laminaren Strömungen (Kiefer 1977, Walstra 2005).

Die Verweilzeit in der Dispergierzone wird ebenfalls von der Geometrie der Emulgiermaschine beeinflusst. Der Tropfenaufbruch ist in Laborhomogenisatoren, bedingt durch die kleinen Abmessungen pro Zyklus/Passage, seltener als in industriell eingesetzten Anlagen. In der Praxis bedeutet das, mehrere Zyklen müssen durchlaufen werden, um ein vergleichbares Emulgierergebnis zu einem großtechnischen Apparat zu erhalten. Die Qualität des Emulgierergebnisses lässt sich neben der Partikelgröße an der Breite der Partikelgrößenverteilung erkennen (Walstra und Smulders 1998).

2.2 Solid Lipid Nanoparticles - kristallisierte Miniemulsionen

Kolloidale Arzneiträgersysteme werden seit längerem in der pharmazeutischen Forschung untersucht (unter anderem Müller et al. 1995, Müller et al. 1997) Sie bieten die Möglichkeit schlecht oder gar nicht wasserlösliche Substanzen bioverfügbar zu formulieren. Es wird sowohl an parenteralen als auch an anderen Darreichungsformen gearbeitet.

Bunjes und Siekmann (2006) unterteilen die kolloidalen Arzneistoffträger prinzipiell in zwei Gruppen, polymerbasierte und lipide Systeme. Die polymerbasierten Partikel werden aus synthetischen Polymeren oder natürlichen Makromolekülen hergestellt. Bevorzugt werden biologische, abbaubare Substanzen als Wirkstoffträger. Sie bieten den Vorteil einer festen Matrix und hoher kolloidaler Stabilität. Herstellungsmethoden wie Emulsionspolymerisation oder Verdampfung des Lösemittels beispielsweise beinhalten die Verwendung von organischen Lösungsmitteln, die giftig oder krebserregend sein können. Die vollständige Entfernung aus der Formulierung stellt ein Problem dar. Darüber hinaus kann auch das Trägermaterial selbst toxikologisch bedenklich sein.

Um die genannten Nachteile der polymerbasierten Systeme zu vermeiden, wird verstärkt an lipiden kolloidalen Arzneistoffträgern wie Liposomen und Öl-in-Wasser Emulsionen geforscht. Diese Systeme sind aus physiologischen Substanzen wie Phospholipden und Triglyceriden aufgebaut und sind daher aus toxikologischer Sicht unbedenklich. Ein Nachteil ist jedoch die geringe kolloidale Stabilität, die durch Beladung mit Wirkstoffen noch abnehmen kann. Die Systeme besitzen eine flüssige bzw. flüssig-kristalline Matrix, in der der Wirkstoff diffundieren kann. In biologischen Flüssigkeiten besitzen diese Emulsionen eine sehr geringe Stabilität, und es kann unmittelbar nach der Verabreichung zu einer Wirkstofffreisetzung kommen. Aus diesen Gründen werden solche Formulierungen nur begrenzt als Arzneistoffträger verwendet.

Miniemulsionen werden unter dem Begriff parenterale Fettemulsionen seit etwa 50 Jahren zur klinischen Ernährung eingesetzt (Schuberth und Wretlind 1961). Sie werden im großtechni-

2 Stand des Wissens

schen Maßstab mittels Hochdruckhomogenisation hergestellt und besitzen eine ausreichende Langzeitstabilität.

Die Verbindung der genannten Vorteile der polymerbasierten Partikel mit physiologisch unbedenklichen Substanzen unter Umgehung ihrer Nachteile war die Motivation zur Entwicklung von festen lipiden kolloidalen Arzneistoffträgern (Müller et al. 1995). Hierbei werden Lipide im geschmolzenen Zustand emulgiert. Durch Rückführung auf Raumtemperatur und Kristallisation des Fettes bilden sich feste Partikel. Dieses Verfahren wird als Schmelzeemulgieren bezeichnet (Stang und Wolf 2005). Wenn der Schmelzpunkt des Fettes oberhalb der Körpertemperatur liegt, ist die Wirkstofffreisetzung im Körper nicht mehr durch Diffusion, sondern durch den biologischen Abbau des Partikels kontrolliert (Mehnert et al. 1997).

Speiser (1985) berichtet erstmals von kolloidal dispergierten Lipidnano*pellets* zur oralen Applikation, die in einem Schmelzeemulgierprozess hergestellt werden und Partikelgrößen zwischen 300 und 800 nm besitzen (Müller et al. 1997, Müller et al. 1997). Die Herstellung der Emulsionen wird mit Zahnkranzdispergiermaschinen und Ultraschall durchgeführt. Das Ergebnis sind kolloidal instabile Systeme, da relativ große Partikel mit breiten Verteilungen erhalten werden. Müller et al. (1995), sowie Siekmann und Westesen (1992) verwenden Hochdruckhomogenisatoren für den Emulgierschritt und erhalten Dispersionen mit engeren Partikelgrößenverteilungen im Bereich von 80 bis 400 nm. Das führt zu einer Verbesserung der kolloidalen Stabilität dieser Formulierungen. Als Arzneistoffträger mit festen Lipiden wird der Begriff *Solid Lipid Nanoparticles* (SLN) von Müller et al. (1993) eingeführt.

Seit dem Beginn der 1990er Jahre ist die Anzahl der Veröffentlichungen pro Jahr zum Stichwort „*Solid Lipid Nanoparticles*" ständig gestiegen, und es haben sich weltweit zahlreiche Arbeitsgruppen gebildet. Neuere pharmazeutische Übersichtsartikel zu *Solid Lipid Nanoparticles* sind von Müller et al. (2000), Mehnert und Mäder (2001), Wissing et al. (2004) und Bunjes und Siekmann (2006), erschienen.

Es werden verschiedene Verfahren zur Herstellung von SLN genutzt. Neben dem Schmelzeemulgieren im Hochdruckhomogenisator wird von Müller et al. (1995) von einem Kalthomogenisationsverfahren berichtet, bei dem unterkühlte Lipidschmelzen homogenisiert werden. Die Arbeitsgruppe von Gasco (Cavalli et al. 2000) stellt *Solid Lipid Nanoparticles* durch Verdünnung von Mikroemulsionen her. Weiterhin werden von Sjöström et al. (1995) lipide Dispersionskolloide in einem Emulsions-Verdampfungsverfahren hergestellt und untersucht. Die verschiedenen Verfahren werden von Müller et al. (2000), Mehnert und Mäder (2001), Wissing et. al. (2004) und von Bunjes und Siekmann (2006) verglichen. Hauptnachteile dieser alternativen Verfahren gegenüber dem Schmelzeemulgieren sind für das Mikro-

2.2 Solid Lipid Nanoparticles

emulsions- und das Emulsions-Verdampfungsverfahren der niedrige Lipidgehalt, der eine geringe Wirkstoffbeladung der Formulierungen bedingt. Das Emulsions-Verdampfungsverfahren führt zwar zu sehr kleinen Partikeln mit enger Verteilung, benötigt aber Lösemittel.

Neben den Triglyceriden werden auch andere Lipide als Trägermaterial für das Schmelzeemulgieren untersucht. Lukowski (2000) verwendet Cetylpalmitat, ein Wachs aus einer Mischung von Cetylalkohol und Fettsäuren. Yang (1998) berichtet von *Solid Lipid Nanoparticles*, die aus Fettsäuren bestehen.

Westesen et al. (1997) vergleichen die Beladungskapazität für Wirkstoffe von reinen Triglyceriden mit Mischungen aus Mono- Di- und Triglyceriden. Sie stellen fest, dass die vollständige Kristallisation der reinen Triglyceride zu einem Ausstoß des Wirkstoffes aus dem Partikel führt. In unterkühlten Schmelzen, in denen die Triglyceride in flüssiger Form vorliegen, kann dagegen relativ viel Wirkstoff aufgenommen werden. Mischungen aus Mono-, Di- und Triglyceriden werden mit dem Ziel der Erhöhung der Wirkstoffbeladung untersucht, da es bei der Kristallisation zur Ausbildung eines nicht perfekten Kristallgitters kommt.

Eine andere Strategie zur Erhöhung der Beladung der Partikel mit Wirkstoffen wird von Jenning et al. (2000) verfolgt. Partikel, die sowohl aus flüssigen als auch aus festen Lipiden bestehen, werden untersucht, und als *Nanostructured Lipid Carriers* bezeichnet (Saupe et al. 2005, Müller et al 2007).

Die Technologie wird auch außerhalb der Pharmazie diskutiert. Müller et al (2007) zeigen die Einsatzmöglichkeiten von *Nanostructured Lipid Carriers* für kosmetische Anwendungen. Frederiksen et al. (2003) vergleichen schmelzeemulgierte Mikropartikel eines Insektizides mit solchen, denen das Trägerlipid Compritol 888 ATO zugemischt ist. Sie stellen fest, dass die Toxizität gegenüber Fischen bei den Partikeln mit Zumischung von Compritol 888 ATO niedriger ist, die Wirkung auf Insektenlarven aber gleich ist. Helgason et al. (2008) untersuchen Tripalmitin-Partikel als potentielle Träger für hydrophobe funktionelle Komponenten in Lebensmitteln. Im Vordergrund der Untersuchungen stand die Gelbildung der Formulierungen, da unzureichend stabilisierte Systeme verwendet werden (vgl. Abschnitt 2.2.6). Hentschel et al. (2008) und Hentschel (2009) formulieren ß-Carotin mit der *Nanostructured Lipid Carriers* Technologie, um die Möglichkeiten für einen Einsatz als funktioneller Lebensmittelzusatzstoff in Getränken zu untersuchen.

Im Folgenden werden die Grundlagen erläutert, die für eine prozesstechnische Beschreibung des Schmelzeemulgierens von einsäurigen Triglyceriden nötig sind. Darüber hinaus werden die Bildung der Partikel und ihre Eigenschaften ausführlich behandelt.

2 Stand des Wissens

2.2.1 Kristallisation und Polymorphie

Ein ausführlicher Überblick zur Kristallisation und Polymorphie von Triglyceriden ist bei Garti und Sato (1988) zu finden. Die für die vorliegende Arbeit relevanten Aspekte sollen im Folgenden verkürzt wiedergegeben werden.

Unter Kristallisation wird der Übergang eines Stoffes aus einem flüssigen, amorphen Zustand in eine feste Phase verstanden, in der die Moleküle eine geordnete Struktur in einem Kristallgitter annehmen. Dieser Vorgang kann entweder durch Fällung aus einem Lösungsmittel oder direkt aus der Schmelze des Feststoffes erfolgen. Polymorphie ist das Auftreten mehrerer Kristallstrukturen bei ein und derselben chemischen Substanz. Unterschiedliche Strukturen können sich durch Einflüsse wie Zeit, Druck und/oder Temperatur bilden. Die einzelnen Modifikationen besitzen unterschiedliche physikalische Eigenschaften, wie beispielsweise Schmelztemperatur und Dichte (Garti und Sato 1988).

Triglyceride kommen in den drei festen Hauptmodifikationen α, β' und β vor, die sich durch die Anordnung der Fettsäureketten unterscheiden (Abbildung 2.8). Definiert werden die Modifikationen über ihr Röntgenbeugungsspektrum. Experimentell lassen sich diese Modifikationen zum Beispiel anhand ihrer Schmelzpunkte oder Röntgenwinkelreflexe identifizieren. Zudem werden einige Submodifikationen beschrieben (Hernqvist 1984, Hernqvist 1988, Hagemann 1988).

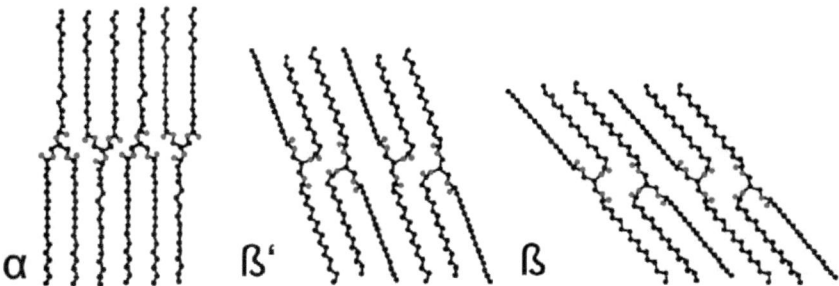

Abbildung 2.8.: Polymorphe von Triglyceriden (nach Bunjes und Unruh 2007)

Die Kristallisation aus der Schmelze führt zunächst zur Ausbildung der α-Modifikation, die den niedrigsten Schmelzpunkt besitzt. Während der Lagerung oder beim Aufheizen kommt es zu einer Umlagerung in die stabile β-Modifikation, die entweder direkt oder über die metastabile β'-Modifikation erfolgen kann. Die α → β' → β-Umwandlung ist monotrop, d. h. es handelt sich bei der α- und β'-Modifikation um metastabile Formen

(Abbildung 2.9), und die Umwandlung erfolgt stets in Richtung der höher schmelzenden Modifikation.

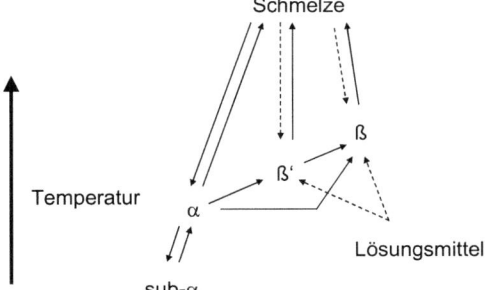

Abbildung 2.9.: Polymorphie der Triglyceride (nach Garti und Sato 1998)

Die thermodynamisch günstigste Form ist die, bei der die Fettsäuren die engste Packungsdichte aufweisen. Daher nimmt die Dichte von der α- zur ß-Modifikation zu. Die Bildung einer festen Triglyceridphase aus der Schmelze ist also mit der Kristallisation noch nicht abgeschlossen. Es folgen noch weitere dynamische Prozesse bis die thermodynamische stabilste Modifikation erreicht wird.

Die Kristallisation selbst erfolgt in den zwei Teilschritten Kristallkeimbildung und Kristallwachstum:

Kristallkeimbildung

Die Kristallkeimbildung kann in zwei verschiedenen Mechanismen ablaufen. Zu unterscheiden sind die heterogene und homogene Kristallkeimbildung. Damit es zum Phasenwechsel mit heterogener Kristallisation kommt, muss ein Kristallisationskeim vorhanden sein. Das können vorhandene Fremdmoleküle, Grenzflächen oder Kristalle derselben Molekülart sein. Bei einer homogenen Kristallisation müssen sich Moleküle in ihrer Konformation zu einem Kristallisationskeim spontan zusammenlagern. Dafür ist eine größere Unterkühlung im Vergleich zur heterogenen Kristallisation nötig (Povey 2001).

Kristallwachstum

Im Anschluss an die Keimbildung erfolgt das Kristallwachstum. Skoda et al. (1967) untersuchten das Kristallwachstum an Tristearin-Einzelkristallen in der ß-Modifikation (Abbildung 2.10). Da in Triglyceriden homologe Isomorphie vorliegt, kann davon ausgegangen werden,

2 Stand des Wissens

dass das Kristallwachstum in anderen einsäurigen Triglyceriden, also mit nur einer Fettsäurenart, genauso verläuft. Als homologe Isomorphie wird die weitgehende Analogie bei den Kristallpackungen von Vertretern einer homologen Reihe organischer Stoffe bezeichnet. Das Kristallwachstum verläuft bevorzugt in Richtung der b-Achse, so dass die (001) Basisfläche am größten ist. Bevorzugt werden Moleküle an der Fläche, die senkrecht zur a-Achse steht, angelagert. Es folgt, dass in der ß-Modifikation die Triglyceridmoleküle in zweidimensional orientierten Schichten vorliegen.

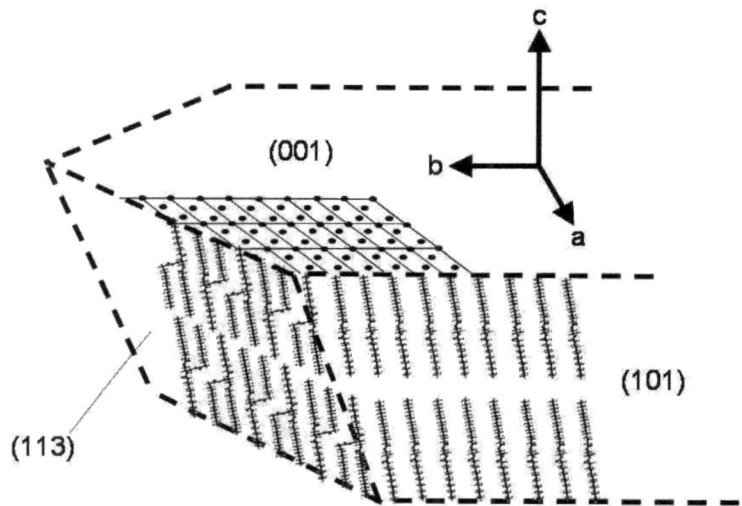

Abbildung 2.10.: Schematische Darstellung der molekularen Anordnung in einem Tristearat-Einzelkristall (nach Skoda et al. 1967)

2.2.2 Kristallisation in kolloidalen Dispersionen

Das Kristallisationsverhalten von Triglyceriden in Makroemulsionen wird seit längerer Zeit untersucht. Phipps (1964) zeigte, dass die Kristallisationstemperatur bei Verkleinerung der Partikelgröße bis zu einer kritischen Temperatur sinkt und dann konstant bleibt. Untersucht wurden Dispersionen mit Partikeldurchmessern von 0,5 µm bis 15 µm. Für die Triglyceride Trilaurin (C12:0), Trimyristin (C14:0) und Tripalmitin (C14:0), wurde bei Verkleinerung der Partikeldurchmesser < 5 µm keine weitere Absenkung der Kristallisationstemperatur festgestellt. Bei den großen Partikeln lag eine Kristallisation durch heterogene Kristallkeimbildung vor, während sie bei den kleinen Partikeln homogen war.

2.2 Solid Lipid Nanoparticles

Zu erklären ist die Abhängigkeit der Kristallisationstemperatur wie in Abbildung 2.11 dargestellt. Die für eine heterogene Kristallisation im Volumen nötigen Kristallkeime (z. B. Verunreinigungen) sind in wenige Tröpfchen aufgeteilt, in denen heterogene Kristallisation stattfinden kann. In Tröpfchen, die keine Kristallkeime enthalten, muss es zu einer homogenen Kristallkeimbildung kommen, damit der Phasenwechsel stattfinden kann. Da die homogene Kristallkeimbildung eine stärkere Unterkühlung erfordert, erstarren Miniemulsionsschmelzen im Allgemeinen bei tieferen Temperaturen als das einphasige Bulkmaterial (Phipps 1964, Povey 2001).

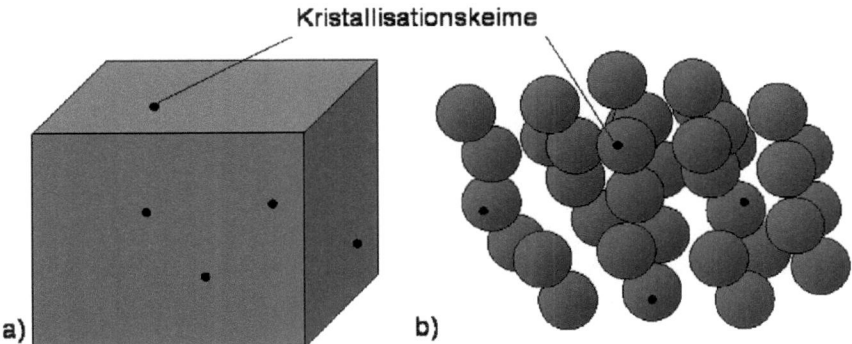

Abbildung 2.11.: Bedeutung der heterogenen Kristallisation in einphasigen Systemen und in Emulsionstropfen

Anders ist der Kristallisationsmechanismus, wenn die heterogene Kristallkeimbildung an der Grenzfläche erfolgt. Die Erhöhung des Oberflächen-Volumen-Verhältnisses mit sinkender Partikelgröße verursacht, dass die heterogene Kristallkeimbildung in kleiner werdenden Partikeln vermehrt auftritt (Povey 2001). Heterogene Kristallkeimbildung an der Oberfläche kann beispielsweise durch grenzflächenaktive Stoffe induziert werden. Für SLN Formulierungen mit Triglyceriden als disperse Phase ist bekannt, dass der Kristallisationsmechanismus von der Art des Emulgators abhängig ist (Bunjes et. al. 2002, 2003, 2007).

Tropfen, die kleiner als etwa 5 µm sind, unterliegen der Brownschen Molekularbewegung. Das hat zur Folge, dass bereits kristallisierte Partikel beim Zusammenstoß mit flüssigen Tropfen Kristallisation in diesen induzieren können. Dieser Vorgang wird als sekundäre Keimbildung bezeichnet. Unterbunden werden kann dieser Schritt durch eine ausreichende elektrostatische und/oder sterische Stabilisierung mit geeigneten Emulgatoren (Povey 2001).

2 Stand des Wissens

Die ausgeprägte Unterkühlungsneigung ist für pharmazeutische Anwendungen der Partikel von großer Bedeutung, weil die postulierten Vorteile von Lipidsuspensionen – wie die durch die feste Assoziation eingearbeiteter Arzneistoffe mit der Lipidmatrix hervorgerufene verzögerte Arzneistofffreisetzung – auf dem Vorliegen einer festen Matrix beruhen. Um alle Vorteile dieser Systeme nutzen zu können, muss der feste Zustand der Matrix auch bei Körpertemperatur erhalten bleiben. Im Hinblick auf die Einarbeitung thermolabiler Wirkstoffe in die Dispersion und einer einfachen experimentellen Handhabung, ist vor allem die Möglichkeit des Einsatzes niedrigschmelzender Matrixlipide von Interesse (Bunjes 1998). Die Kristallisationstemperatur ist durch das Mischen von kürzer- und längerkettigen Triglyceriden einstellbar. Die Triglyceride mit längeren Fettsäuren, wie Tristearin beschleunigen dabei die Kristallkeimbildung der kürzerkettigen, wie Trilaurin oder Trimyristin. Der Grund liegt in den höheren Kristallisationstemperaturen der höherkettigen Triglyceride, die dann als Kristallkeime für die kürzerkettigen dienen (Bunjes et al. 1996).

2.2.3 Schmelzverhalten von kolloidalen Dispersion

Das Schmelzen von apolaren organischen Feststoffen (u. a. Dekalin, Benzen und Heptan) in einem Material mit sehr kleinen (4-73 nm) und monodispersen Poren ist von Jackson und McKenna (1990) untersucht worden. Sie stellten fest, dass eine Schmelzpunktsdepression auftrat, die umgekehrt propotional zum Partikelduchmesser ist. Weiterhin stellten sie fest, dass die Schmelzenthalpie mit kleiner werdenden Poren abnimmt.

An kolloidalen Triglyceridsuspensionen ist eine Veränderung des Schmelzvorganges gegenüber dem einphasigen Ausgangsmaterial und Suspensionen mit größeren Partikeln beobachtet worden (Bunjes et. al 2000, Langmuir). Die Abbildung 2.12 zeigt die Thermogramme, die während des Aufheizens mittels *Differential Scanning Calorimetry* (DSC) erhalten wurden. Das Ausgangsmaterial war das technische Trimyristin Dynasan 114, als Emulgator wurde Tyloxapol verwendet. Tyloxapol ist ein nicht-ionischer, schnell adsorbierender Emulgator mit pharmazeutischer Zulassung. Er beeinflusst die Kristallkeimbildung nicht. Der Dispersphasenanteil lag bei 10 % [m/m]. Die abnehmende Partikelgröße wurde erreicht, in dem zum einem mit steigenden Homogenisierdrücken zwischen 800 und 1500 bar und gleichzeitig mit steigendem Emulgatorgehalt zwischen 3 und 10 % [m/m] gearbeitet wurde.

Mit abnehmender Partikelgröße ist eine Verbreiterung des Schmelz*peak*s zu erkennen, und das Schmelzen erfolgt in diskreten thermischen Ereignissen. Die Temperatur des *Peak*maximums nimmt ab. Röntgendiffraktogramme zeigen, dass in diesen Suspensionen immer die ß-Modifikation vorliegt, und somit Fest/fest Umwandlungen für die erhaltenen

DSC *Peak*s auszuschließen sind (Unruh et al 1999). Eine Schmelzpunktdepression ΔT_m aufgrund von Wechselwirkungen zwischen Lipid und Emulgator kann ebenfalls ausgeschlossen werden (Bunjes 1998).

Der stufenweise Schmelzvorgang wird auf die besondere Kristallform und die geschichtete Struktur der Triglyceridpartikel zurückgeführt. Die Partikelform ist denen von Einzelkristallen ähnlich (vgl. Abbildung 2.10). In Ihnen sind die einzelnen Triglyceridflächen parallel zu den großen 001-Flächen angeordnet. Die kleinste Dimension der Partikel – die Plättchendicke l_p – kann daher nur diskrete Werte annehmen, welche einfache Vielfache der Triglyceridschichtdicke sein müssen, wenn man die Dicke der Emulgatorschicht nicht berücksichtigt.

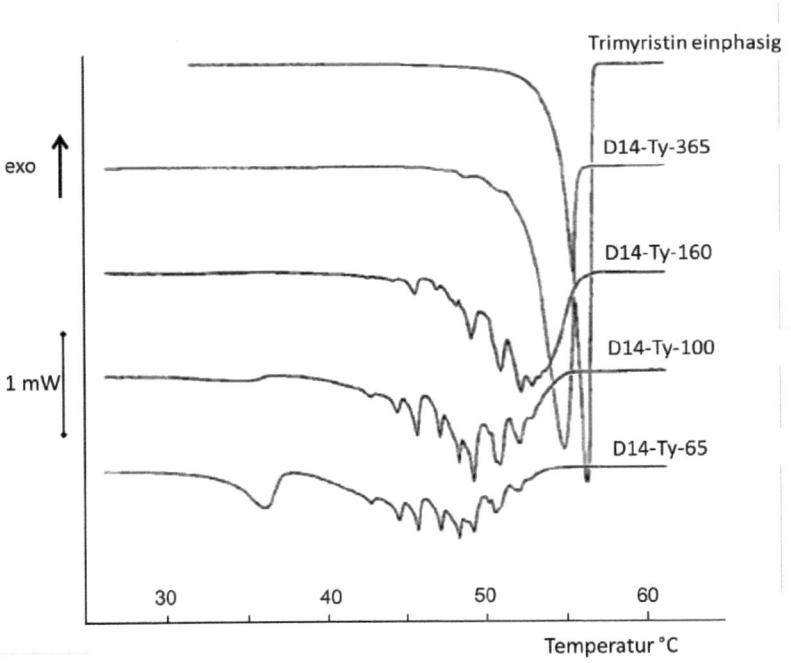

Abbildung 2.12.: Thermogramme des Aufheizens von Trimyristin Suspensionen. Beschriftung: D14: Dynasan114; Ty: Tyloxapol; Zahl: Partikeldurchmesser in nm (PCS z-average) Bunjes et al (2000)

Die Unterschiede in der Kristallschichtdicke haben aufgrund der Kettenlänge der Triglyceride selbst schon kolloidale Ausmaße und sind im Verhältnis zur Größe des Partikels nicht zu vernachlässigen. Mit Hilfe der Gibbs-Thomson Gleichung lässt sich das Auftreten diskreter Schmelzereignisse erklären, wenn anstelle des Durchmessers die kleinste kolloidale Dimension, nämlich die Partikelhöhe l_P, eingesetzt wird.

$$\Delta T_m = T_o - T(l_p) = -\frac{4\gamma_{sl} v}{l_P \Delta h_{sl}} \quad (2.28)$$

mit $T(l_P)$ Schmelzpunkt des Partikels, T_0 Schmelzpunkt des Ausgangsmaterials, γ_{sl} als Grenzflächenspannung zwischen fester und flüssiger Phase, v als spezifisches Volumen der festen Phase und Δh_{sl} als spezifische Schmelzenthalpie des Partikels (Bunjes et al. 2000).

2.2.4 Partikelbildung - Bildung fester Nanopartikel

Nach der Kristallisation in der α-Modifikation ist die Geschwindigkeit der polymorphen Umwandlungen in die stabilen Modifikationen in feindispergierten Triglyceriden im Vergleich zum Bulkmaterial und gröberen Dispersionen stark beschleunigt. Die unterschiedliche Geschwindigkeit der polymorphen Umwandlungen in den Triglyceriden ist vor allem im Hinblick auf die Beladungskapazität der Partikel von Bedeutung, da die geringere Dichte der Kristallgitter metastabiler Modifikationen einen erleichterten Einbau von Fremdsubstanzen erwarten lässt (Bunjes 1998).

Bei kolloidal dispergierten Triglyceriden bestimmt die Feststoffmodifikation die Partikelform. Partikel mit Triglyceriden in der metastabilen α-Modifikation sind kugelförmig, und die Moleküle sind in konzentrischen Schichten angeordnet. In der stabilen ß-Modifikation hingegen, entstehen anisometrische, plättchenförmige Partikel, in denen die Moleküle in parallelen Flächen angeordnet sind (Abbildung 2.13). Die Änderung der Partikelform von der Kugel zum Plättchen ist mit der dynamischen Lichtstreuung messtechnisch erfassbar (Sjöström et al. 1995).

Der Kristallisationsschritt in kolloidal dispergierten Triglyceriden, die mit einer Mischung aus modifiziertem Phospholipid und Natriumglycocholat stabilisiert waren, wurde von Bunjes et al. (2007) untersucht (Abbildung 2.14). Die Verwendung dieser Emulgatormischung ermöglicht es, die Umwandlungsgeschwindigkeit in die stabile ß-Modifikation zu verzögern und dadurch den Prozess messtechnisch erfassbar zu machen. Modifizierte Phospholipide mit ungesättigten Fettsäuren, bilden bei Absenkung der Temperatur an der Tropfenoberfläche eine eigene feste Phase, an der im Anschluss bei weiterer Temperaturabsenkung eine Kristallkeimbildung in der α-Modifikation erfolgt. Durch Temperaturerhöhung oder lange Lagerzeiten ordnen sich die Moleküle schließlich in der thermodynamisch stabilen ß-Modifikation an.

Kürzerkettige Triglyceride wandeln sich schneller in die stabilere Modifikation um als langkettige, weil die für die Umwandlung erforderliche Aktivierungsenergie für kürzere Ketten geringer ist (Whittam und Rossano 1975). Verunreinigungen, wie z.B. Fettsäuren, verlangsamen den Umwandlungsprozess. In Triglycerid-Partikel ist von Bunjes et al. (2000) eine Beschleunigung der Umwandlung von der α in die ß-Modifikation mit sinkender Partikelgröße beschrieben worden.

Für die Nanopartikel aus dem relativ langkettigem Tristearin ist ein Einfluss der Temperierung nach dem Emulgierschritt festzustellen. Schnelles Abkühlen von Prozess- auf Raumtemperatur führt zum Erhalt der α-Modifikation, bei langsamer Abkühlung wird die ß-Modifikation gebildet (Bunjes 2007).

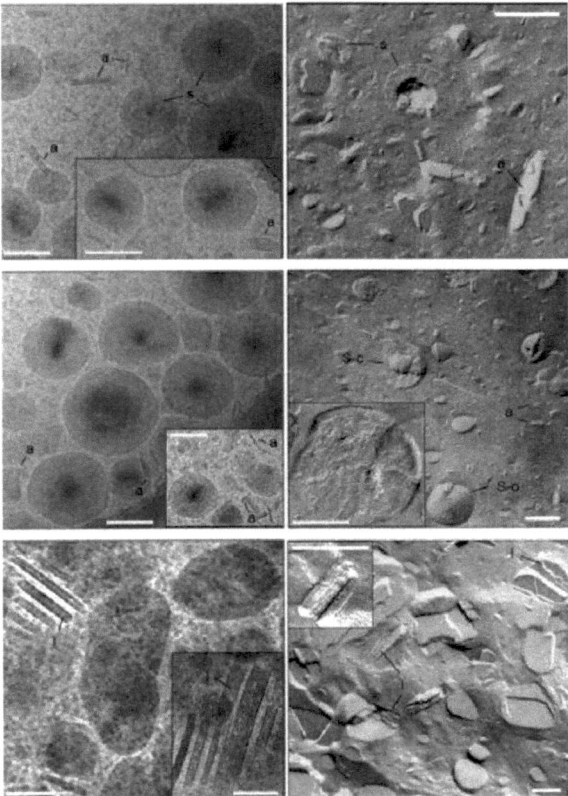

Abbildung 2.13: Cryo TEM Aufnahme (links) und Gefrierbruch TEM Aufnahme (rechts) von Tristearin Dispersionen (Bunjes et al 2007); Balken = 100 nm; oben: kugelförmige (s) und plättchenförmige (a) Partikel; Mitte; kugelförmige außerhalb der Bildebene gebrochene (S-c), und

solche die aus der Bildebene herausragen (S-o); unten: plättchenförmige Partikel mit interner Struktur in Stapeln (l)

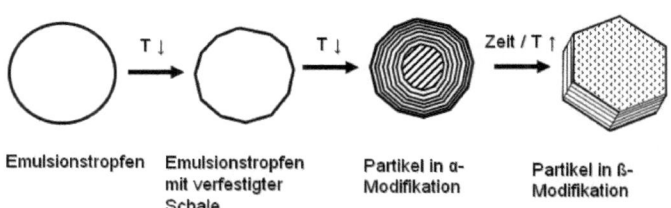

Abbildung 2.14.: Schematisches Modell des Prozesses während der Erstarrung von Triglycerid Nanopartikeln (Bunjes et al. (2007)

2.2.5 Einfluss des Emulgators auf Kristallisation und Polymorphie

Emulgatoren stabilisieren während des Emulgierschrittes die neu gebildeten Tropfen. Darüber hinaus haben sie Einfluss auf das Kristallisationsverhalten und die kolloidale Stabilität der Suspension.

Die in der Literatur vorliegenden Ergebnisse zum Einfluss des Emulgators auf die Kristallisation und entstehende Kristallmodifikationen von einsäurigen Triglycerid-Partikeln wurden fast ausschließlich im Rahmen von pharmazeutischen oder kosmetischen Untersuchungen ermittelt. In jüngster Zeit wird auch in der Lebensmitteltechnologie der Einsatz von *Solid Lipid Nanopartikels* im Rahmen des sogenannten „*Food Design*" diskutiert (Helgason et al. (2008), Hentschel et al (2008), Hentschel (2009)). Die Auswahl der Emulgatoren beschränkt sich folglich auf solche, die für die entsprechende Anwendung zugelassen sind. Untersuchungen mit öllöslichen Emulgatoren sind nicht bekannt.

Bunjes et al. (2002) haben den Einfluss verschiedener nicht-ionischer und ionischer wasserlöslicher Emulgatoren auf das Kristallisationsverhalten und die Polymorphie von Tripalmitin-Partikeln einzeln und in Mischung mit Phospholipiden (Lipoid S100) untersucht. Die alleinige Verwendung nicht-ionischer Emulgatoren mit langen gesättigten Fettsäureketten (Tween 20, Tween 40, Tween 60, Brij 35, Brij 58, Brij 78) führte mit steigender Fettsäurenkettenlänge (C12:0, C16:0, C18:0) zu einer Erhöhung der Kristallisationstemperatur um bis zu 4 °C. Die DSC Thermogramme während der Abkühlung zeigten zudem oberhalb der Kristallisationstemperaturen thermische Ereignisse. Die Verwendung von nicht-ionischen Emulgatoren mit

2.2 Solid Lipid Nanoparticles

ungesättigten langen Fettsäureketten (C18:1:Tween 80, Brij 98) dagegen ergab keine wesentlichen Unterschiede zu den übrigen getesteten nicht-ionischen, pharmazeutischen Emulgatoren (Lipoid S100, Cremophor EL, Tyloxapol, Pluronic 127) (Bunjes et al. 2002).

Emulgatoren mit langen gesättigten Fettsäureketten können sich in geordneter Form an der Grenzphase anlagern und dort eine heterogene Kristallisationskeimbildung des Triglycerides induzieren. Bei Emulgatoren mit ungesättigten Fettsäureketten dagegen ist nur eine homogene Kristallkeimbildung möglich, weil die ungeordnete Struktur der Fettsäuren nicht als Kristallkeim dienen kann. Unklar bleibt der Einfluss der hydrophilen Kopfgruppe auf die Kristallisationstemperatur (Bunjes et al. 2002).

Die Geschwindigkeit der polymorphen Umwandlungen weist innerhalb der untersuchten nicht-ionischen Emulgatoren keine signifikanten Unterschiede im Rahmen von Röntgenwinkelmessungen auf. Das Triglycerid nimmt innerhalb des Untersuchungszeitraumes von einer halben Stunde die stabile ß-Modifikation an, was im Vergleich zum Bulkmaterial stark beschleunigt ist (Bunjes et al. 2002).

DSC Messungen an Formulierungen, die mit ionischen Emulgatoren stabilisiert sind, zeigen eine Erhöhung der Kristallisationstemperatur und zum Teil thermische Ereignisse oberhalb der Kristallisationstemperatur. Am stärksten ausgeprägt ist dieses Verhalten bei der Verwendung der ionischen Emulgatoren Natriumdodecylsulfat (SDS), Setacin 103 und Texapon. Die Kristallisationstemperatur steigt um ca. 4 °C. Bei Laurinsäurenatriumsalz und Natriumglycocholat dagegen wird lediglich eine Erhöhung der Kristallisationstemperatur von weniger als 2 °C festgestellt und es gibt keine vorausgehenden thermischen Ereignisse (Bunjes et al. 2002). Die Röntgendiffratogramme von Dispersionen, die mit ionischen Emulgatoren stabilisiert sind, besitzen zum Teil Muster, die keiner bekannten Triglycerid-Feststoffmodifikation zugeordnet werden können. Die Geschwindigkeit der polymorphen Umwandlung von der α-Modifikation in die ß-Modifikation erfolgt verlangsamt. Da der Untersuchungszeitraum lediglich eine halbe Stunde betrug, kann über entstehende langzeitstabile Modifikation keine Aussage getroffen werden (Bunjes et al. 2002).

Mischungen aus Phospholipid und den einzelnen Emulgatoren zu gleichen Massenanteilen führen stets zu einer Abschwächung der Phänomene, die bei alleiniger Verwendung der einzelnen Emulgatoren beobachtet werden (Bunjes et al. 2002).

2.2.6 Kolloidale Stabilität - Hydrogelbildung

Unzureichend stabilisierte kolloidale Suspensionen neigen zur Gelbildung. Dabei verfestigt sich die Formulierung homogen und ist nicht mehr fließfähig. Eine Aggregation von Partikeln

2 Stand des Wissens

wurde sowohl in Formulierungen mit Partikeln aus Mischungen von Mono-, Di- und Triglyceriden (Freitas und Müller 1998), als auch mit reinen einsäurigen Triglyceriden (Westesen und Siekmann 1992) beobachtet. Das Phänomen tritt auf, wenn zur Stabilisierung einzig ein nicht-ionischer Emulgator in relativ niedriger Konzentration (1,2% Poloxamer, bzw. 1,2 % Phospholipid bei jeweils 10 % Lipidgehalt) verwendet wird. Beschleunigt wird das Wachstum der Partikelgröße, die der Gelbildung vorausgeht, durch Eintrag von Energie in das System, wenn also die Formulierungen Licht oder erhöhten Temperaturen ausgesetzt sind (Freitas und Müller 1998). Bei Zugabe von 0,4 % des anionischen Natriumglycocholates bleibt die Formulierung kolloidal stabil (Westesen und Siekmann 1992). Untersuchungen an dem Modellsystem Trimyristin/Phospholipid von Westesen et al. (2001) zeigten einen Zusammenhang zwischen der Kristallisation der Emulsionstropfen zu plättchenförmigen Partikeln und der Hydrogelbildung des Systems. Die mit 2,4% Phospholipid stabilisierten Formulierungen waren als Emulsion stabil und gelierten, sobald das Trimyristin durch Absenken der Temperatur kristallisierte. Formulierungen, die entweder zusätzlich mit Natriumglycocholat oder einzig mit Tyloxapol oder Poloxamer stabilisiert waren, blieben dagegen stabil. Der zugrunde liegende Mechanismus der Gelbildung für Formulierungen mit einsäurigen Triglyceriden, wurden von Bunjes et al. (2007) wie folgt erklärt: In Abbildung 2.15 ist dargestellt, an welchen Stellen eines Partikels die verschiedenen Emulgatoren bevorzugt adsorbieren. Die Scheibenform ist eine Vereinfachung der Abbildung 2.10. Phospholipid als nicht mobiler Emulgator adsorbiert bevorzugt an der 001 Ebene, Natriumglycocholat als mobiler Emulgator dagegen an der 100 Ebene.

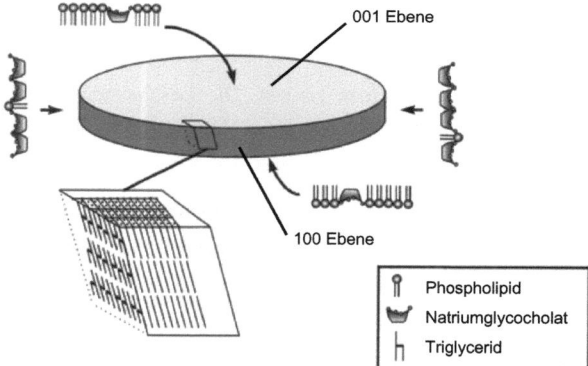

Abbildung 2.15: Schematische Darstellung der bevorzugten Adsorption von Phospholipid und Glycocholate an den verschiedenen Seiten der festen Partikel (nach Bunjes et al. 2007)

Die in der vorliegenden Arbeit verwendeten Emulgatoren Tween 80, SDS und Lutensol TO20 sind mobile Emulgatoren. Wenn die 100 Ebene nicht ausreichend mit Emulgatormolekülen belegt ist, können zwei Partikel an diesen Stellen ein gemeinsames Kristallgitter bilden, und es kommt zu einer „Kartenhausstruktur".

2.2.7 Viskosität von Triglyceridschmelzen

Wird die Schmelze eines Triglycerides oberhalb des Schmelzpunktes weiter erhitzt, sinkt sowohl die Dichte als auch die kinematische Viskosität und damit die dynamische Viskosität. Die kinematischen und dynamischen Viskositäten der Schmelzen von reinen einsäurigen gesättigten und ungesättigten Triglyceriden, Fettsäuren und ihren Mischungen wurden von Valeri und Meirelles (1997) und Rabelo et al. (2000) untersucht. Es liegen physikalische Modellgleichungen vor, mit denen das temperaturabhängige Verhalten abgeschätzt werden kann. Die dynamische Viskosität steigt in der homologen Reihe mit steigender Länge der Fettsäure an. Die Werte liegen bei 80 °C zwischen 5 und 15 mPas für Tricaprin (C8:0) und Tristearin (C18:0). Mischungen aus Triglyceriden und Span 80 sind in der Literatur bisher nicht veröffentlicht worden.

Das Fließverhalten der Schmelzen lässt sich mit der Molekülstruktur der Triglyceride erklären. Hernqvist (1984) hat die Struktur von Triglyceridschmelzen in Abhängigkeit von der Temperatur mit Röntgenstrukturanalyse und Raman-Spektroskopie untersucht. Es zeigte sich, dass Trimyristin auch im geschmolzenen Zustand zwischen 45 °C und 80 °C eine geordnete Struktur aufweist. Es wurde ein Modell vorgeschlagen, in dem sich bei Temperaturerhöhung die Ordnung der einzelnen Moleküle zueinander nicht ändert, wohl aber die Längen der Einheiten, in denen die Moleküle zusammengelagert sind.

3 Material und Methoden

Ziel der vorliegenden Arbeit ist es, feste Dispersionskolloide mittels hohen Energieeintrages in ein Flüssig/flüssig-System zu erzeugen und diesen Prozess des Schmelzeemulgierens modellhaft mathematisch auf Basis der Theorie der Topfenbildung beim mechanischen Emulgieren zu beschreiben (Walstra 2005). Dabei soll zusätzlich die Adsorptionskinetik der Emulgatoren nach Kempa et al. (2006) berücksichtigt werden. Das Schmelzeemulgieren in Hochdruck-homogenisatoren ist in der pharmazeutischen Forschung das Mittel der Wahl zur Formulierung von *Solid Lipid Nanoparticles*. Hierbei liegen die Forschungsschwerpunkte aber weniger auf der verfahrenstechnischen Prozessbeschreibung als auf der Wirkstoffbeladung und Morphologie der Partikel (Müller et al. 2000, Bunjes et al. 2007). Die vorliegende Arbeit soll einen Beitrag dazu leisten diese Lücke zu schließen. Mit Hilfe des Modellstoffsystems werden die Auswirkungen verschiedener Emulgatoren auf das Emulgierergebnis und die im Anschluss entstehenden Partikel untersucht.

Trimyristin ist als Dynasan 114 in technischer Qualität in ausreichender Reinheit erhältlich, um reproduzierbare Messungen durchzuführen und Literaturangaben gegenüberzustellen. Die Kristallisationstemperatur des feindispergierten Trimyristin von ca. 9-10 °C wird in der vorliegenden Arbeit genutzt, um Emulsionen und Suspensionen aus identischen Chargen zu vergleichen. Wenn der Emulgator die Kristallisation nicht beeinflusst, führt eine Temperaturabsenkung nach dem Schmelzeemulgieren auf Raumtemperatur (ca. 20 °C) nicht zur Kristallisation der Partikel. Eine Unterkühlung auf 4-8 °C ist dagegen ausreichend, um eine Kristallisation und damit die Bildung plättchenförmiger Partikel zu bewirken.

In Voruntersuchungen werden zunächst die benötigten Stoffwerte des Modellsystems ermittelt und Verfahrensparameter festgelegt. Die Stoffwerte sind die Grenzflächenspannung im Gleichgewicht zwischen der Schmelze und der Emulgatorlösung, die Viskosität der dispersen und kontinuierlichen Phase sowie die Schmelz- und Kristallisationstemperaturen und – enthalpien der dispersen Phase. Festzulegende Verfahrensparameter sind die Emulgatorkonzentration und die Homogenisierzeit.

In den Hauptuntersuchungen werden Formulierungen mit steigendem Energieeintrag hergestellt und charakterisiert. Die Partikelgröße und der Polydispersitätsindex als Maß für die Verteilungsbreite werden mit der Photonenkorrelationsspektroskopie (PCS) ermittelt. Das Zetapotential des kolloidalen Systems wird bestimmt. Von den flüssigen und festen Partikeln werden elektronenmikroskopische Aufnahmen gemacht. Das Schmelz- und Kristallisationsverhalten wird mit Differential Scanning Calorimetry (DSC) untersucht und die Feststoffmodifikation mit Röntgendiffraktometrie ermittelt.

3.1 Stoffsysteme

Als kontinuierliche Phase wurde deionisiertes Wasser verwendet. Als disperse Phase und zur Messung der Grenzflächenspannung wurden die Triglyceride (bzw. Triacylglyceride) Dynasan 110, Dynasan 114 und Miglyol 812 (Sasol, Deutschland, Witten) verwendet. Der Fettanteil der Formulierungen wurde bei allen Versuchen konstant bei 10 % gehalten. Bei Verwendung von öllöslichen Emulgatoren hatte dies eine Erhöhung des Dispersphasenanteiles zur Folge. In Tabelle 3-1 sind die Zusammensetzungen dieser Dispersionen aufgeführt. In Tabelle 3-2, Tabelle 3-3 und Tabelle 3-4 sind die verwendeten Triglyceride und ihre Stoffwerte zusammengefasst.

Tabelle 3.1.: Zusammensetzung der Dispersionen, die mit öl- und wasserlöslichen Emulgatoren hergestellt wurden

Bezeichnung	Emulgator	Konzentration[1]	Molanteil[2]
Tween 80/Span 80	Span 80	0,9872	0,0023
	Tween 80	3,0128	0,0023
SDS/Span 80	SDS	0,6138	0,0026
	Span 80	3,3862	0,0079

[1] [g/100g Dispersion], [2] [Mol/100g Dispersion]

3 Material und Methoden

Tabelle 3.2.: Fettsäurekettenlängen, Schmelztemperaturen und dynamische Viskositäten der untersuchten Lipide

Bezeichnung	Fettsäuren	Kettenlänge	T_m [°C]	η [mPas][1]
Miglyol812	Capryl-, Caprin- u. Laurinsäure	8-12	flüssig bei 20 °C	5,94 (70 °C)
Dynasan110	Caprinsäure	10	29-31 °C	7-8 (80 °C)
Dynasan114	Myristinsäure	14	55-58 °C	10-11 (80 °C)
Dynasan116	Palmitinsäure	16	66-67 °C	12-13 (80 °C)

[1] (Rabello et al. 2000)

Tabelle 3.3.: Schmelzenthalpien der Trimyristin (Dynasan 114) Modifikationen (Garti und Sato 2001)

Modifikation					
α		ß'		ß	
Δh_m (kJ/mol)	Δh_m (J/g)	Δh_m (kJ/mol)	Δh_m (J/g)	Δh_m (kJ/mol)	Δh_m (J/g)
85,0 / 78,7	117,54 / 108.83	100,5	139,97	136,9 / 135,2	189,31 / 186,96

Tabelle 3.4.: Lamellare Abstände l (Long Spacings) der Trimyristin Modifikationen

	Modifikation		
	α	ß'	ß
Takeuchi et al. (2003)	4,4 nm	3,7 nm	3,6 nm
Bunjes (1998)	4,04 nm	-	3,62 – 3,69 nm

Im Folgenden sind die verwendeten Emulgatoren und ihre Eigenschaften aufgeführt.

Tween 80 (Polysorbat 80, CAS Nr. 9005-65-6, Sigma Aldrich Laborchemikalien GmbH, Deutschland, Steinheim) gehört zur Gruppe der Polyoxyethylen-(20)-Sorbitanfettsäureester (Belitz et al. (2001), deren allgemeine chemische Struktur in Abbildung 3.1 gezeigt ist. Die Unterscheidung erfolgt anhand des Fettsäurerestes R ($R_{Tween\ 80}$ = Ölsäure, C_{18}). Tween 80 ist ein nicht-ionischer Lebensmittelemulgator (E 433), hat eine Molmasse von 1308 g/mol und einen HLB-Wert von 15. Er ist ein schnell stabilisierender Emulgator (Stang (1998), Tesch et al (2002a). Die CMC in Wasser beträgt 0,25 g/L (Stang 1998).

$$CH_2(C_2H_4O)_zOCOR \text{——} (CH(C_2H_4O)_yOH$$
$$(OC_2H_4)_xOH$$
$$(OC_2H_4)_wOH$$

mit W+X+Y+Z=20, R=Fettsäurerest

Abbildung 3.1.: Chemische Struktur der Polyoxyethylen-(20)-Sorbitanfettsäureester: Tween 80 (Belitz et al. 2001)

Span 80 (Sorbitanmonooleat, Cas-Nr. 1338-43-8, Sigma Aldrich, Deutschland, Seelze) gehört zu den Sorbitanfettsäureestern (Belitz et al. 2001). Er ist ebenfalls ein typischer nicht-ionischer Lebensmittelemulgator (E 494) (Stang 1998) mit einem Molekulargewicht von 428,62 g/mol und einem HLB von 4,3. Im Gegensatz zu Tween 80 ist er somit ein öllöslicher Emulgator. Die Abbildung 3.2 zeigt die chemische Struktur von Span 80.

Abbildung 3.2.: Chemische Struktur von Span 80 (Belitz et al. 2001)

SDS (Natriumdodecylsulfat, CAS Nr. 151-21-3, Sigma Aldrich, Deutschland, Seelze) ist ein anionisches, schnell stabilisierendes Tensid (Kempa et al. 2006, Tesch et al. 2002a). Der HLB-Wert beträgt 40, das Molekulargewicht 233,38 g/mol. Die chemische Struktur ist in Abbildung 3.3 dargestellt. Die CMC in Wasser beträgt für den verwendeten pH Bereich 0,024 g/L.

Abbildung 3.3.: Chemische Struktur von Natriumdodecylsulfat

Lutensol TO20 (CAS Nr. 9043-30-5, BASF AG, Deutschland, Ludwigshafen) gehört zur Gruppe der Alkylethoxylate, sie werden durch Ethoxylierung von technischen Fettalkoholen oder aus Alkanolen petrolchemischer Herkunft (Oxoalkoholen) hergestellt. Abbildung 3.4 zeigt die Herstellung und Nomenklatur der Alkylethoxylate (Asmussen 2000). Bei Lutensol TO20 handelt es sich um ein nicht-ionisches Oxoalkoholethoxylat der Form C13E20 mit einem HLB-Wert von 16,5. Das Molekulargewicht beträgt etwa 1121 g/mol.

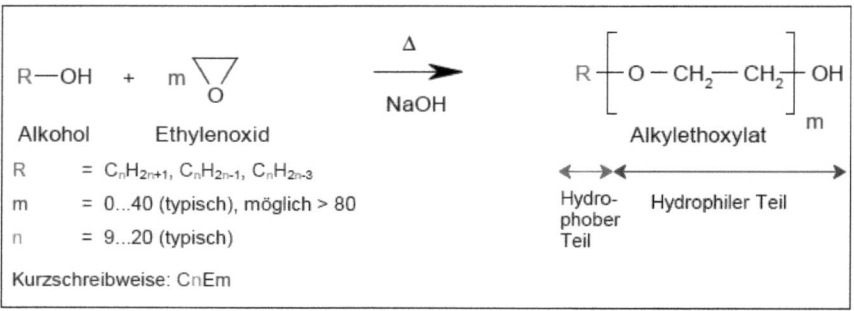

Abbildung 3.4.: Herstellung und Nomenklatur von Alkylethoxylaten

3.2 Versuchsaufbau

Alle Verfahrensschritte wurden temperiert durchgeführt. Das Schema der Versuchsanlage ist in Abbildung 3.5 dargestellt. Die Dispersionen wurden hergestellt, indem der Emulgator bzw. die Emulgatoren je nach HLB-Wert in der wässrigen Phase oder in der Lipidphase unter Rühren gelöst wurden, bis eine optisch klare Lösung entstand. Beide Phasen wurden anschließend auf die Prozesstemperatur erwärmt, und die Fettphase wurde zur kontinuierlichen Phase gegeben. Mit der Zahnkranzdispergiermaschine Ultra Turrax T25 (Janke&Kunkel, Deutschland, Staufen) wurde der Premix hergestellt. Um Einflüsse der eingebrachten Energie während des Voremulgierens auf das Emulgierergebnis ausschließen zu können, wurde stets mit der gleichen Drehzahl (10.000 U/min) zwei Minuten lang voremulgiert. Zum Herstellen der Feinemulsionen wurde der Hochdruckhomogenisator Emulsiflex C5 (Avestin, Kanada, Ottawa) benutzt.

Um eine vorzeitige Kristallisation und Änderungen der Viskositäten bzw. Grenzflächenspannungen durch Temperaturschwankungen während des gesamten Prozesses zu vermeiden, wurden sowohl der Ultra-Turrax, als auch der Hochdruckhomogenisator im Wasserbad auf Prozesstemperatur erwärmt. Die Prozesstemperatur betrug 80 °C, was durch Messungen im Vorlagebehälter kontrolliert wurde.

3 Material und Methoden

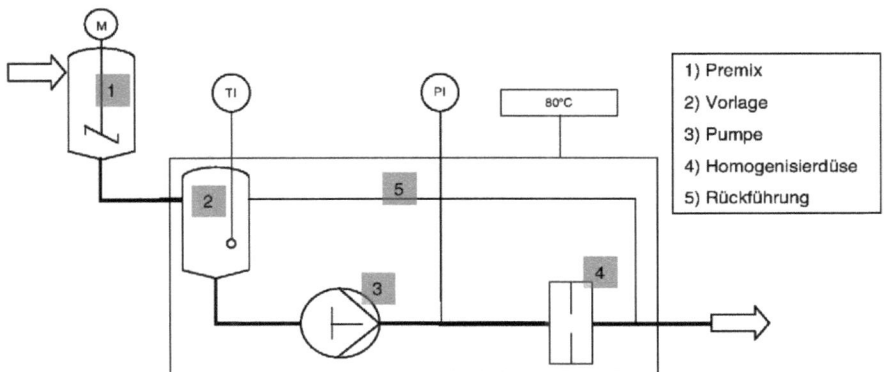

Abbildung 3.5.: Fließschema der verwendeten Emulgieranlage

Der Volumenstrom wurde in Abhängigkeit des Homogenisierdruckes zuvor mit Wasser bei verschiedenen Temperaturen ermittelt und ist in Abbildung 3.6 dargestellt. Die Anzahl der Düsendurchgänge wurde durch Rückführung der Probe in den Vorlagebehälter mit einer den Durchgängen entsprechenden Verweilzeit eingestellt.

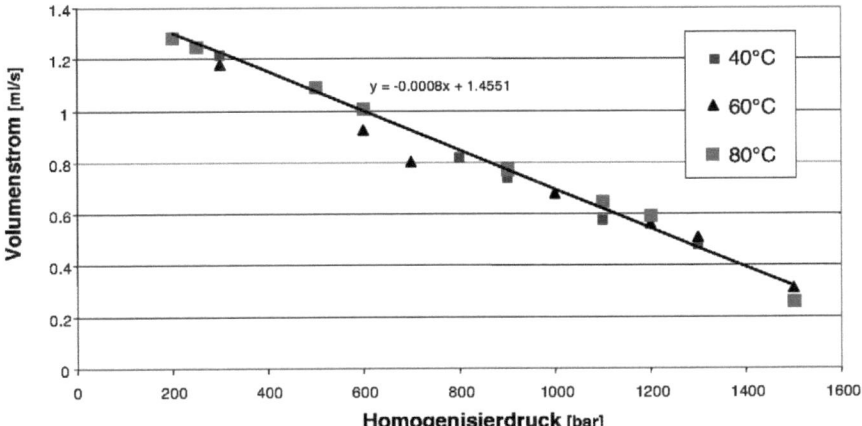

Abbildung 3.6.: Volumenstrom in Abhängigkeit vom Homogenisierdruck für den verwendeten Homogenisator Emulsiflex C5

Nach dem Emulgierschritt wurden die Dispersionen entweder im Kühlschrank bei 4-8 °C gelagert oder bis auf Raumtemperatur (20 °C) abgekühlt.

3 Material und Methoden

Die Düse des Hochdruckhomgenisators, in der die Tropfenbildung stattfindet ist in Abbildung 3.7 dargestellt. Der Hochdruckhomogenisator (EmulsiFlex C5, Avestin Kanada) wird mit Druckluft betrieben, die pneumatisch den Homogenisierdruck (1) und die Spaltbreite (2) eines Nadelventils (3) über einen Gegenduck (3) einstellt. Nach Durchströmen der Düse wird das Fluid auf Umgebungsdruck entspannt. Im Rahmen der vorliegenden Arbeit wurde mit einem maximalen Druck von 1800 bar vor der Düse gearbeitet.

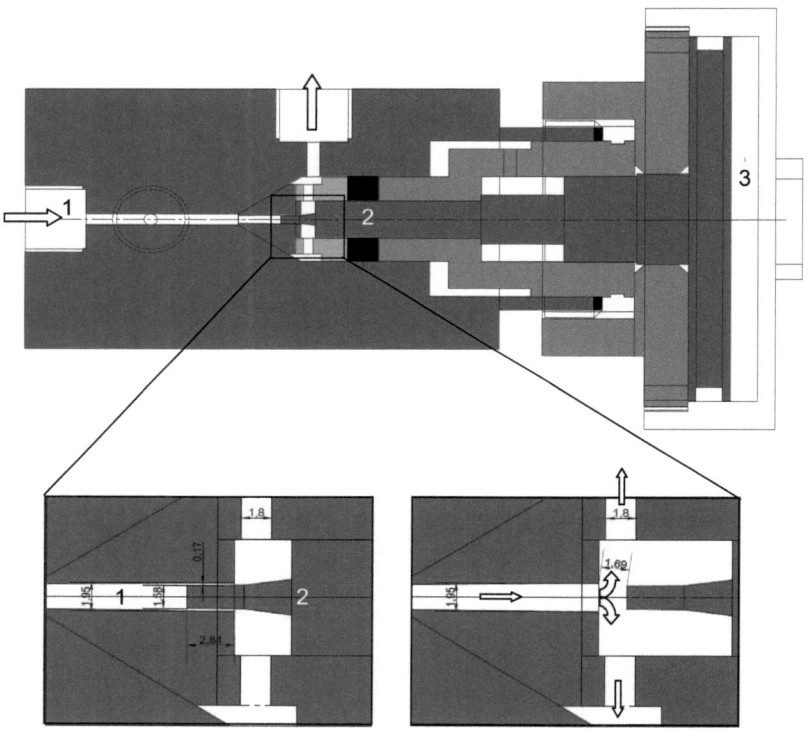

Abbildung 3.7.: Schnitte und Funktionsprinzip der verwendeten Homogenisierdüse, Bemaßung in mm

3.3 Messung der Partikelgröße und des Zetapotentiales

Wie in Abschnitt 2.2.4 erläutert ist die Photonenkorrelationsspektroskopie (PCS) geeignet, die Bildung von plättchenförmigen Partikeln aus Emulsionstropfen für bestimmte Stoffsysteme aufgrund von unterschiedlich gemessenen *z-average* Durchmessern zu erfassen (Sjöström et al. 1995). Bei der Photonenkorrelationsspektroskopie handelt es sich um ein dynamisches

Streulichtverfahren, mit dem Teilchen im Bereich von ca. 5 nm bis ca. 5 µm detektiert werden können (Hogekamp 2005, Müller und Schuhmann 1996).

Eine PCS-Apparatur lässt sich in die optische Einheit, den Computer und den Korrelator einteilen. Die optische Einheit besteht aus einem Laser, einer Messzelle und einem Photomultipler. Das Laserlicht wird in der Messzelle von den Partikeln gestreut, und die Intensität des Streulichts wird vom Photomultipler erfasst. Die Intensität des gestreuten Lichtstrahls wird winkelabhängig, in der Regel in einem Winkel von 90°, erfasst.

Die Partikelbewegung (Brownsche Molekularbewegung) verursacht zeitliche Schwankungen der Streulichtintensität (dynamisches Streulichtverfahren). Kleinere Teilchen rufen aufgrund der größeren Diffusionsgeschwindigkeit eine höhere Schwankungsfrequenz des Streulichts hervor. Im Korrelator werden diese zeitlichen Schwankungen des Streulichts ausgewertet. Dazu werden die Intensitäten in kurzen, aufeinander folgenden Zeiten gemessen (Hogekamp 2005, Müller und Schuhmann 1996). Das genutzte PCS Gerät war der Zetasizer Nano ZS (Malvern Instruments, UK, Malvern). Er besitzt einen Laser mit einer Leistung von 50 mW und einer Wellenlänge von 523 nm. Der Photomultiplier ist in einem Winkel von 173° angeordnet, und es können Teilchen im Größenbereich von 0,6 nm - 6 µm detektiert werden. Als Messergebnis wird neben dem mittleren Teilchendurchmesser (*z-average*) auch der Polydispersitätsindex (PI) als Maß für die Breite der Verteilung erhalten. Er beschreibt dabei die mathematische Abweichung zwischen der gemessenen und der vom Korrelator berechneten theoretischen Korrelationsfunktion.

Müller und Schuhmann (1996) gehen davon aus, dass in der Praxis Dispersionen mit einem PI zwischen 0,03 und 0,06 als monodispers bezeichnet werden können. Eine enge Verteilung liegt bei Werten zwischen 0,10 und 0,20 und eine breite Verteilung bei Werten zwischen 0,25 und 0,50 vor. Bei Werten oberhalb von 0,50 muss das Messergebnis als nicht auswertbar betrachtet werden.

Das Zetapotential ist ein Maß für die Stabilität von Partikeln, die durch elektrostatische, abstoßende Kräfte stabilisiert werden. Anstelle der elektrischen Ladung wird zur Beurteilung der Stabilität das elektrostatische Grenzflächenpotential herangezogen (Karbstein 1994, Müller 1996, Schubert und Armbruster 1998).

Da das elektrische Potential eines Partikels an der Grenzfläche selbst nicht experimentell ermittelt werden kann, wird das Zetapotential ζ als Maß für die Partikelladung herangezogen. Zur Messung des Zetapotentiales, das in Abbildung 3.8 schematisch dargestellt ist, wird ein elektrisches Feld angelegt. Aufgrund der Oberflächenladung der Partikel werden die Partikel in Richtung der entgegengesetzten Elektrode beschleunigt, wobei die diffuse Schicht an Ge-

3 Material und Methoden

genionen relativ zum Tropfen verschoben wird. Das elektrische Potential an der Scherebene (Zetapotential) kann dann durch Messung der Wanderungsgeschwindigkeit bestimmt werden (Müller und Schuhmann 1996, Ax 2004).

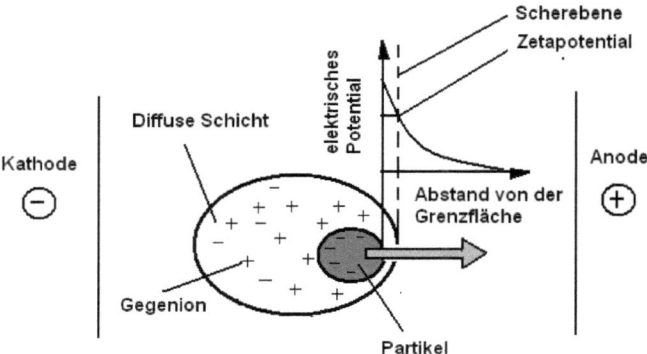

Abbildung 3.8.: Schematische Darstellung der Messung des Zetapotentiales (Ax 2004)

Nach Riddick (1966) kann die elektrostatische Stabilität von Dispersionen in Abhängigkeit vom Zetapotential entsprechend nachfolgender Tabelle 3.5 klassifiziert werden.

Tabelle 3.5.: Stabilität von Dispersionen nach Riddick (1966)

Kennzeichen der Stabilität	Zetapotential [mV]
Schwelle zur Agglomeration	-11 bis -20
Geringe Agglomeration	-21 bis -30
keine Agglomeration	-31 bis -40
gute Stabilität	-41 bis -50
sehr gute Stabilität	-51 bis -60
ausgezeichnete Stabilität	-61 bis -80

3.4 Thermische Analyse der Kristallisation und des Schmelzens

Die *Differential Scanning Calorimetry* (DSC) wurde zur Qualifizierung und Quantifizierung verschiedener Eigenschaften der Formulierungen verwendet. Die wichtigste Aussage solcher Messungen ist es, sicherzustellen, dass das Lipid als feste Phase vorliegt. Das erfolgt über die Detektion eines endothermen Schmelz*peaks* beim Schmelzen, beziehungsweise eines exothermen Kristallisations*peaks* beim Abkühlen. Phasenwechsel oder Änderungen der Festtstoffmodifikation sind mit Energieaufnahme oder -abgabe verbunden. Die *Differential Scanning Calorimetry* (deutsch Dynamische Differenz Kalorimetrie) ermöglicht es, diese Energieströme zu messen. Das Messprinzip der Wärmestrom *Differential Scanning Calorimetry* beruht darauf, dass Probe und Referenz in einem Ofen einem gemeinsamen Temperaturprogramm unterworfen werden. Dabei werden die Temperaturen im Ofen, der Probe und der Referenz gemessen. Wenn ein thermisches Ereignis, wie beispielsweise ein Schmelzvorgang, stattfindet, weicht die Probentemperatur von der Referenztemperatur ab. Aus dieser Temperaturdiffrenz wird der Energiestrom berechnet, der in die Probe fließt. Die Enthalpie wird aus der Fläche des thermischen Ereignisses in J/g erhalten. Zur Auswertung der Temperatur wird entweder das Maximum des Ereignisses als *Peak*temperatur oder der Beginn als *Onset*-Temperatur verwendet (Hemminger et al. 1989).

Verwendet wurde das Wärmestromkalorimeter DSC 204 F1 von Netzsch (Selb, Deutschland). Die Kühlung erfolgte mit einem *Intracooler* von Lauda. Für die Analyse wurden jeweils etwa 2,5-7 mg des reinen Lipides (Bulkmaterial), beziehungsweise etwa 10-20 mg der Dispersion in einen Aluminium Tiegel eingewogen und durch Verpressen verschlossen. Als Referenz wurde ein leerer Tiegel verwendet. Das Temperierungsprogramm lief wie folgt ab: Heizen von 20 bis 70 °C, Kühlen auf 1 °C, und erneutes Heizen auf 70 °C. Heiz- und Kühlrate betrugen jeweils 5 °C/min. Zwischen den Heiz- und Kühlläufen gab es jeweils eine 10minütige isotherme Haltezeit.

Zur Temperatur- und Empfindlichkeitskalibrierung wurden die zertifizierten Standards Kaliumnitrat, Indium, Zinn, Zink, Cäsiumchlorid, Quecksilber und Cyclohexan von Netzsch (Selb, Deutschland) verwendet. Die Kalibrierung erfolgte bei 5 °C/min. Die Auswertung erfolgte ohne Glättung. In den Thermogrammen wurden die Kuven mit der Funktion „DSC horizontal ausführen" auf eine gemeinsame Basislinie positioniert.

3.5 Röntgendiffraktometrie mit Synchrotronstrahlung (SAXS)

Die Messungen wurden in Kooperation mit Frau Prof. Dr. M. Kumpugdee-Vollrath vom Fachbereich Pharmazeutische Technologie der Beuth Hochschule für Technik Berlin durchgeführt. Sämtliche Messungen wurden an Dispersionen vorgenommen, die mit einem Homogenisierdruck von 800 bar hergestellt wurden. Sie unterschieden sich grundsätzlich durch zwei verschiedene Lagerbedingungen vor den Messungen, bei Raumtemperatur (20 °C) und gekühlt (4-8 °C), für jeweils mindestens sechs Monate. Die Proben wurden bei Raumtemperatur gemessen. Die Dispersionen wurden in Glaskapillaren gefüllt und verschweißt.

3 Material und Methoden

Die mit Tween 80 stabilisierten Proben wurden an der 7T-MPW-SAXS *Beamline* des Hahn-Meitner Institutes an der Synchrotronquelle der Berliner Elektronenspeichering Gesellschaft für Synchrotronstrahlung (BESSY) in Berlin vermessen. Alle anderen Dispersionen wurden an der *Beamline* BW4 am Hamburger Synchrotronstrahlungslabor (HASYLAB) installiert am DORIS III (Doppel-Ring-Speicher) Speicherring am Forschungszentrum Deutsches Elektronen-Synchrotron (DESY) untersucht. Die Streuung wurde mit einem MarCCD Detektor bei einer Wellenlänge von 0,138 nm aufgenommen.

Die Auswertung erfolgte mit der nicht kommerziellen Software FIT2D Version 12.007 (© 1987-2005 Andy Hammersley). Die Maxima der *Peaks* wurden mithilfe eines *Fits* der Gaußfunktion unter der Software Origin erhalten.

In der Literatur sind verschiede Einheiten für die Umrechnung des Streuungswinkels θ in die Größeneinheit des sich wiederholenden Abstandes (*Lamellar Distance*) l bzw s = 1/l gebräuchlich. Sie lassen sich mit der Wellenlänge λ wie folgt umrechnen:

$$q = \frac{2\pi}{l} = 2\pi s = \frac{4\pi \sin \theta}{\lambda} \qquad (3.1)$$

3.6 Gefrierbruch-Transmissionselektronenmikroskopie

Die Gefrierbruch Transmissionselektronenmikroskop (TEM) Bilder wurden von Frau Dr. Katrin Schrader vom Max Rubner-Institut, Bundesforschungsinstitut für Ernährung und Lebensmittel, Kiel mit folgender Präparationsmethode vorgenommen (Schrader et al. 1997): Die Proben wurden zum Teil zur Verhinderung von Eiskristallbildung mit Glycerol versetzt (30%) und in schmelzendem Freon 22 bei -160 °C fixiert. Der Gefrierbruch erfolgte bei -120 °C ohne Ätzen mit einer Balzers BA 360M Einheit (Balzers, Liechtenstein). Die Replika wurden durch Bedampfen mit Pt/C und C erhalten. Die Reinigung erfolgte mit konzentriertem Natriumhypochlorit und Azeton und zwischenzeitlichem Spülen mit destilliertem Wasser. Von den Replika wurden Fotos mit einem FEI Tecnai 10 Transmission Elektronen Mikroskope bei 80 kV aufgenommen.

3.7 Grenzflächenspannung

In dieser Arbeit wurde mittels *Spinning-Drop*- und *Pendant-Drop*-Methode die Gleichgewichtsgrenzflächenspannung gemessen. Über den zeitlichen Verlauf der Grenzflächenspannung und damit die Adsorptionskinetik der eingesetzten Emulgatoren ist bei den verwendeten Methoden keine Aussage möglich.

Die zur Berechnung der Grenzflächenspannung jeweils benötigte Dichtedifferenz der beiden Phasen wurde mit dem Dichtemessgerät DMA 4500 (Anton Paar, Deutschland, Ostfildern) ermittelt. Es wurden jeweils drei Messungen durchgeführt und der Mittelwert zur Berechnung der Grenzflächenspannung verwendet.

3.7.1 Spinning Drop Methode

Die Messungen wurden am Arbeitskreis von Herrn Prof. Dr. Michael Gradzielski vom Fachgebiet Physikalische Chemie der Technischen Universität Berlin durchgeführt. Mit der *Spinning Drop* Methode können sehr kleine Ober- und Grenzflächenspannungen gemessen werden (Brezinski und Mögel (1993), Pohl (2005)). Hierzu wird eine Gasblase (zur Messung der Oberflächenspannung) bzw. ein Tropfen (zur Messung der Grenzflächenspannung) der spezifisch leichteren Phase in eine um ihre Längsachse rotierende Kapillare, die mit der spezifisch schwereren Phase gefüllt ist, injiziert. Bei hohen Zentrifugalbeschleunigungen kann die überlagerte Erdbeschleunigung vernachlässigt werden und der Tropfen wird symmetrisch zur Drehachse deformiert bis ein Gleichgewicht zwischen Grenzflächen- und Zentrifugalkräften erreicht ist. Durch mikroskopische Ermittlung der beiden Hauptabmessungen b und l kann die Grenzflächenspannung berechnet werden (Pohl 2005). Die Messanordnung ist in Abbildung 3.9 dargestellt.

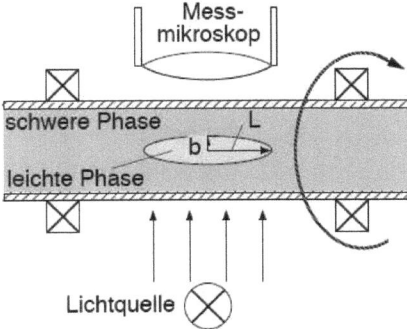

Abbildung 3.9.: Messanordnung der Spinning Drop Methode (Pohl 2005)

Bei starker Deformation des Tropfens wird die Tropfenform durch einen Zylinder mit dem Radius r und zwei aufgesetzte Halbkugeln beschrieben. Für diesen Fall ergibt sich die Grenzflächenspannung γ bei bekannter Dichtedifferenz $\Delta\rho$ und bekannter Winkel-geschwindigkeit ω nach der Herleitung von Vonnegut (1942) zu:

$$\gamma = \frac{1}{4} r^3 \Delta\rho \omega^2 \qquad (3.2)$$

3 Material und Methoden

In dieser Arbeit wurde der *Spinning Drop* Tensiometer SITE 4 (Krüss, Deutschland, Hamburg) zur Messung von kleinen Grenzflächenspannungen (<5 mN/m) verwendet. Es wurden bei jeder Temperatur mindestens drei Tropfen untersucht und jeder Tropfen wurde bei mindestens vier Drehzahlen vermessen. Die dargestellten Werte sind jeweils Mittelwerte dieser Messungen.

Die Kapillare wurde in Rotation (Umdrehungszahl n) versetzt und mit Hilfe des Messmikroskopes wurde der Durchmesser d abgelesen. Aufgrund der gekrümmten Kapillarwand und die Thermostatenflüssigkeit, die die Kapillare umspült, erscheint der Tropfen verzerrt. Um die Größen n und d direkt in Gleichung 3.2 einsetzen zu können, muss ein Einheitenvektor $\vec{e}$ und ein Vergrößerungsfaktor f definiert werden (Kutschmann 1994):

$$\gamma = \vec{e}(fd^3)n\Delta p \qquad (3.3)$$

Die Werte sind $\vec{e} = 3{,}427 \cdot 10^{-7}$ und $f = 0{,}033047$. f ist das Verhältnis von tatsächlichem Durchmesser zu abgelesenem Durchmesser eines Kalibrierdrahtes. Daraus ergibt sich die Grenzflächenspannung γ zu (Kutschmann 1994):

$$\gamma = 3{,}427 \cdot 10^{-3} \cdot (0{,}033047 \cdot d)^3 \cdot n \cdot \Delta \rho \qquad (3.4)$$

Um Emulgatoren zu finden, die die Grenzflächenspannung stark verringern, wurde zunächst im Temperaturbereich von 40-50 °C gemessen. Als Ölphase wurde Dynasan 110 verwendet. Emulgatoren, die die Grenzflächenspannung zwischen kontinuierlicher und disperser Phase stark verringern, wurden auch bei 60 °C untersucht, um die Grenzflächenspannung bei 80 °C (Prozesstemperatur) abschätzen zu können. In diesem Fall wurden Dynasan 110 und Miglyol 812 vermessen. Da das vorliegende Tensiometer nur bis zu einer Temperatur von 60 °C betrieben werden kann, konnten alle anderen Fette aufgrund der größeren Schmelztemperaturen nicht ermittelt werden.

3.7.2 Pendant Drop Methode

Die Messungen wurden am Arbeitskreis von Frau Prof. Dr. R. v. Klitzing, Fachgebiet Physikalische Chemie der Technischen Universität Berlin, durchgeführt. Das Messprinzip dieser Methode beruht auf der Erfassung der geometrischen Form eines an einer Kapillare hängenden Tropfens. Die geometrische Form des Tropfens wird durch zwei Kräfte bestimmt. Zum einen zieht die Gewichtskraft den Tropfen in die Länge, zum anderen ist die Grenzflächenspannung bestrebt, den Tropfen in sphärischer Gestalt zu halten, um die Oberfläche zu minimieren (Pohl 2005). Charakteristisch für den Gleichgewichtszustand ist die jeweilige Änderung der Krümmung der Tropfenkontur. Dieses Kräftegleichgewicht lässt sich mathematisch exakt durch die Laplace-Youngsche Gleichung (Gl. 2.5) beschreiben (Neumann und Spelt 1996).

Für diese Arbeit wurde das mit einer CCD-Kamera ausgestattete *Pendant Drop OCA 20* (*DataPhysics*, Deutschland, Filderstadt) zum Messen von höheren Grenzflächenspannungen (>5 mN/m) verwendet. Das ist der Fall, wenn ausschließlich Tween 80 verwendet wird. Es konnten Messungen bis zu einer Temperatur von 80 °C durchgeführt werden. Alle anderen Messungen wurden mittels *Spinning Drop* durchgeführt. Die integrierte Software legt die Kontur des Tropfens automatisch fest. Die Berechnung der Grenzflächenspannung erfolgt daraus ebenfalls automatisch nach oben genannter Gleichung (Gl. 2.5). Es wurden bei jeder Temperatur fünf Tropfen gebildet und vermessen. Die jeweils dargestellten nachfolgenden Werte sind Mittelwerte dieser Messungen.

3.8 Dynamische Viskosität

Die dynamischen Viskositäten η der Trimyristinschmelzen allein und mit Zusatz von Span 80 wurden temperaturabhängig wie folgt ermittelt: Die kinematischen Viskositäten v wurden mit einem Kapillarviskosimeter (AVS 440, Schott-Geräte GmbH, Hofheim, Deutschland) bei mehreren Temperaturen oberhalb des Schmelzpunktes gemessen. Bei den gleichen Temperaturen wurden die Dichten ρ in einem Biegeschwinger (DMA 58, Anton Paar, Graz, Österreich) ermittelt. Mit der Gleichung

$$\eta = v \cdot \rho \qquad (3.5)$$

wurden die dynamischen Viskositäten berechnet.

4 Ergebnisse und Diskussion

4.1 Voruntersuchungen

Untersuchungsziel war die Herstellung von festen kolloidalen Triglyceridpartikeln in Analogie zum Emulgieren von Ölen mit dem Energiedichtekonzept zu beschreiben. Dazu mussten die Stoffwerte, die in den zuvor beschriebenen Modellgleichungen (vgl. Abschnitt 2.1.3) verwendet wurden, ermittelt werden. Darüberhinaus sollten mögliche physikalische Effekte, die aufgrund des Feindispergierens in nanopartikulärer Größenordnung auftreten, erfasst werden.

Die disperse Phase wurde hinsichtlich ihres Schmelz- und Kristallisationsverhaltens einphasig untersucht und die Viskositäten der Triglyceridschmelzen bestimmt. Die Grenzflächenspannungen im Gleichgewicht zwischen den Schmelzen und den entsprechenden Emulgatorlösungen wurden vermessen.

4.1.1 Thermische Analyse

In der Abbildung 4.1 sind die Thermogramme für das technisch reine Trimyristin Dynasan 114 dargestellt. Das Temperierungsprogramm war, wie in Abschnitt 3.4 beschrieben. Die Einwaagen betrugen 2,5-7 mg.

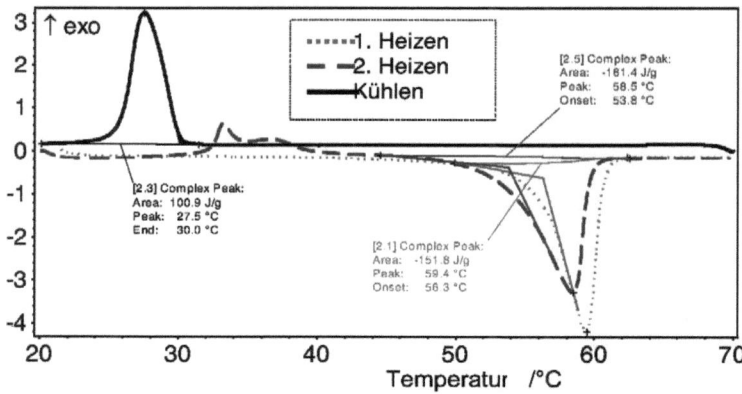

Abbildung 4.1.: Thermogramme des Bulkmaterials Dynasan 114 für Heiz- und Kühlläufe mit 5 °C/min

4.1 Voruntersuchungen

Beim ersten Aufheizen des thermisch unbelasteten Ausgangsmaterials beginnt bei ca. 55 °C der Onset eines endothermen Ereignisses, welches den Schmelzpunkt der ß-Modifikation darstellt. Diese Modifikation ist die bei Raumtemperatur thermodynamisch stabilste und bildet sich daher bei Lagerung des Triglycerides. Beim Abkühlen ist ab ca. 30 °C der exotherme Kristallisations-*peak* der α-Modifikation aufgrund von heterogener Kristallkeimbildung zu erkennen. Ein erneutes Aufheizen führt zu einem Schmelzen in drei diskreten thermischen Ereignissen. Diese sind, bei Verwendung der Onset-Temperaturen, die α– (32,4 °C), ß'- (35,0 °C), und die ß–Modifikation (54,2 °C). In Tabelle 4.1 sind die thermoanalytischen Parameter des einphasigen Ausgangs-materials, im Vergleich zu Literaturdaten, aufgeführt.

Tabelle 4.1: Thermoanalytische Parameter von Dynasan 114 im Vergleich zu Literaturangaben

Modifikation	Schmelzen ß		Kristallisation α	
	T_{Peak} / T_{Onset} (°C)	Δh_m (J/g)	T_{Peak} / T_{Onset} (°C)	Δh_{cr} (J/g)
Eigene Messungen	58.8 +/- 0,15 55.6 +/- 0,04	172,80 +/-19,37	28,0 +/- 0,36 29,7 +/- 0,36	103.91 +/- 15,53
Bunjes (1998)	55,5 53,5	181	28,3 29,5	105
Garti und Sato (2001)	56 -	187-189	- -	109-118

Die der Literatur entnommenen Werte sind aus der Analyse von hochreinem Trimyristin (> 99 %) gewonnen. Die selbst generierten Daten stammen aus neun unabhängigen Messungen unter Verwendung des technisch reinen Dynasan 114. Die Schmelztemperaturen sind im Vergleich zu den Literaturwerten zu leicht höheren Temperaturen verschoben. Die Schmelzenthalpie ist um etwa 10 % niedriger. Die Kristallisationstemperaturen und Enthalpien sind in guter Über-einstimmung mit Bunjes (1998). Die großen Schwankungen bei den Enthalpien von über zehn Prozent sind durch die relativ großen Unterschiede in der Einwaage zu erklären.

4 Ergebnisse und Diskussion

4.1.2 Viskositäten der Triglyceridschmelzen

Die Anwendung der volumenbezogenen Energiedichte - nach Abschnitt 2.1.4 - für die Beschreibung des Emulgierprozesses mit hohem Energieeintrag setzt die Kenntnis von Stoffwerten voraus. Die Tropfenbildung in laminarer Strömung ist nur bei bestimmten Viskositätsverhältnissen der dispersen zur kontinuierlichen Phase möglich. Für den Fall der Tropfenzerkleinerung in einer turbulenten Strömung ist es wichtig, ob die OHNSORGE-Zahl vernachlässigbar klein ist oder nicht. Das ist der Fall, wenn die dynamische Viskosität der dispersen Phase kleiner als ca. 10 mPas ist (vgl. Abschnitt 2.1.3).

Für vernachlässigbare OHNSORGE-Zahlen ist die Partikelgröße gemäß Abschnitt 2.1.3, neben dem Energieeintrag in das Fluid, abhängig von der Grenzflächenspannung zwischen den beteiligten Phasen und von der Dichte der dispersen Phase. Für große Werte der OHNSORGE-Zahl ist der maximale Tropfendurchmesser x_{max}, der in einer turbulenten Strömung existieren kann, dagegen sowohl von der eingetragenen Leistungsdichte als auch von der Viskosität der dispersen Phase η_d abhängig. Nach Walstra (2005) ist auch die kritische Deformations- oder auch Aufbruchzeit $t_{br,krit}$ von der Viskosität der dispersen Phase abhängig. Die Abbildung 4.2 zeigt die temperaturabhängigen, dynamischen Viskositäten von dem mittelkettigen Triglyceridöl Miglyol812 (MCT) und den geschmolzenen Triglyceriden Trimyristin (D114) und Tripalmitin (D116).

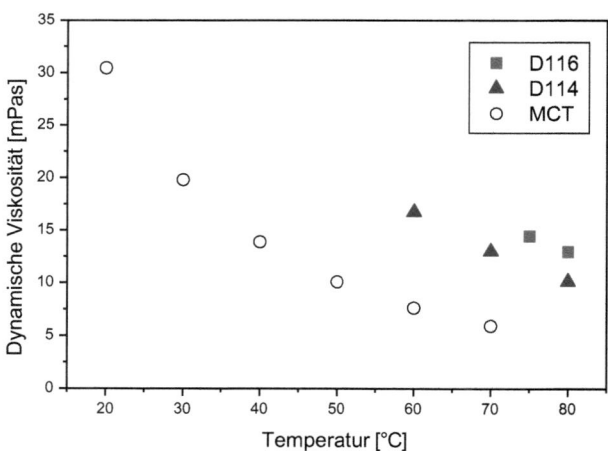

Abbildung 4.2.: Temperaturabhängige dynamische Viskositäten der Triglyceridschmelzen bzw. des Triglyceridöls

Die dynamische Viskosität von Trimyristin bei 80 °C beträgt 10,16 mPas. Die Messwerte entsprechen den Literaturangaben. Rabello et al. (2000) fanden für Tripalmitinschmelze bei 80 °C eine kinematische Viskosität von 13,5 mPas, der Mittelwert der eigenen Messungen beträgt 13,49 mPas. Der Wert liegt nur geringfügig oberhalb von 10 mPas. Für den Emulgierschritt sind weniger die genauen Werte als vielmehr die Größenordnung der dynamischen Viskosität von Bedeutung. Für die vorliegende Arbeit wird von vernachlässigbarer OHNSORGE-Zahl ausgegangen, die Viskosität der dispersen Phase behindert die Tropfenbildung nicht.

Die dynamischen Viskositäten von Trimyristinschmelzen und MCT-Öl, in denen der Emulgator Span 80 zu 9% gelöst war, sind in Abbildung 4.3 aufgeführt.

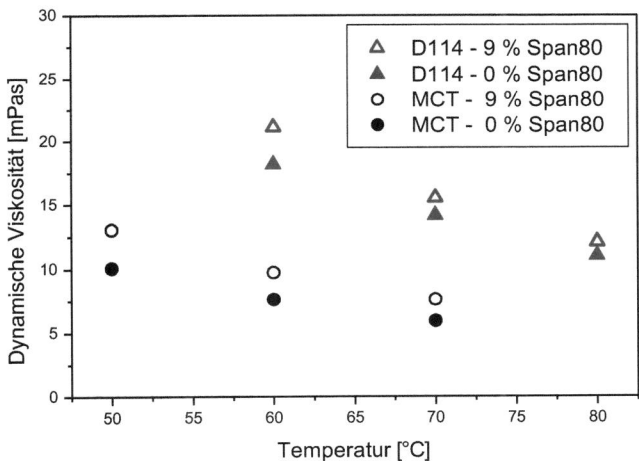

Abbildung 4.3.: Einfluss von Span 80 (9% [m/m]) auf die dynamischen Viskositäten von D114 Schmelzen und MCT-Öl

Span 80 bewirkt eine geringe Erhöhung der dynamischen Viskosität im Vergleich zum Bulkmaterial von ca. 3 mPas. Mit zunehmender Temperatur nimmt der Unterschied ab. Für die im folgenden Abschnitt 4.2.5 durchgeführten Versuche bedeuten die Ergebnisse, dass die Erhöhung der dynamischen Viskosität durch den öllöslichen Emulgator Span 80 keinen Einfluss auf das Emulgierergebnis hat. Darüberhinaus ist das Viskositätsverhältnis λ von disperser zu kontinuierlicher Phase größer als 4. Damit ist für das vorliegende Stoffsystem - gemäß Abschnitt 2.1.3 - eine Tropfenbildung in reiner laminarer Scherströmung nicht möglich, sehr wohl aber in laminarer Dehnströmung.

4.1.3 Grenzflächenspannungen

Nach Schubert (2005) und Walstra (2005) besitzt die Grenzflächenspannung - wie in Abschnitt 2.1.3 dargestellt - Einfluss auf das Emulgierergebnis. Diese theoretischen Beziehungen berücksichtigen nicht die Adsorptionskinetik der jeweiligen Emulgatoren an den neu gebildeten Grenzflächen, sondern gehen von der Grenzflächenspannung im Gleichgewicht aus. Als Voruntersuchungen wurden daher die Grenzflächenspannungen der verwendeten Stoffsysteme im Gleichgewicht mit der *Pendant Drop* und *Spinning Drop* Methode vermessen.

Der Schmelzpunkt des in den nachfolgenden Versuchen verwendeten Dynasan 114 beträgt ca. 55 °C. Mit der verwendeten *Pendant Drop* Apparatur können Grenzflächenspannungen bis minimal 5 mN/m und bei maximal 80 °C vermessen werden. Die verwendete *Spinning Drop* Apparatur läßt sich auf maximal 60 °C temperieren. Die minimal erreichbaren Werte für die Grenzflächenspannungen liegen unterhalb von 0,1 mN/m. Es ist also mit dieser Apparatur nicht möglich, die gewünschten sehr niedrigen Grenzflächenspannungen zwischen Dynasan 114 und den verwendeten Emulgatorlösungen bei der Prozesstempemratur von 80 °C zu vermessen. Daher wurden die Grenzflächenspannungen von niedriger schmelzenden Triglyceriden, die in homologer Reihe zu Dynasan 114 stehen, gegenüber den Emulgatorlösungen untersucht.

Die Auswirkung der Fettsäurekettenlängen auf die Gleichgewichtsgrenzflächenspannung zwischen Tween 80-Lösungen und Triglyceridschmelzen wurde mit der *Pendant Drop* Methode temperaturabhängig vermessen (Abbildung 4.4).

Die Grenzflächenspannung sinkt für Dynasan 110 (D110) und das mittelkettige Öl (MCT) mit steigender Temperatur zwischen 40 und 80 °C von ca. 6,5 auf ca. 4,5 mN/m ab. Die Werte liegen in derselben Größenordnung, was in der gleichen durchschnittlichen Fettsäurenkettenlänge begründet ist. Das MCT-Öl besitzt Fettsäurekettenlängen zwischen 8 und 12, die Länge der Fettsäuren von Dynasan 110 ist 10. Dynasan 114 - mit Myristin als Fettsäure - besitzt 14 C-Atome und weist daher eine höhere Hydrophobität auf, was sich in einer erhöhten Grenzflächenspannung widerspiegelt. Die Werte sind in guter Übereinstimmung zu Literaturangaben. Stang (1997) hat für eine 5 % Tween 80-Lösung gegen Pflanzenöl bei 20 °C einen Gleichgewichtswert von 8 mN/m ermittelt.

4.1 Voruntersuchungen

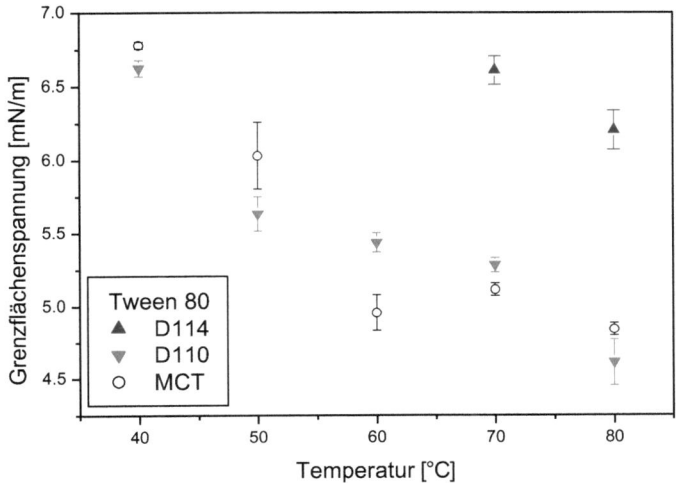

Abbildung 4.4.: Temperaturabhängige Grenzflächenspannungen der einzelnen Triglyceridschmelzen gegen eine den Formulierungen entsprechende Tween 80-Lösung; Pendant Drop

Die Grenzflächenspannungen der Emulgatorlösungen mit SDS, Lutensol TO20 und Mischungen mit Span 80 gegen D110 und MCT wurden mit der *Spinning Drop* Methode zwischen 40 und 60 °C vermessen (Abbildung 4.5). Fehlerbalken sind in Abbildung 4.5 nicht eingezeichnet, weil sie in der halblogarithmischen Achsenskalierung kleiner als die Symbole der Datenpunkte ausfallen. Die Grenzflächenspannungen der SDS- und Lutensol-Lösungen sind für die beiden Triglyceride D110 und MCT in den gleichen Größenordnungen. Bei Systemen, die Tween 80 und Span 80 enthalten, sind die Grenzflächenspannungen gegenüber MCT-Öl deutlich höher als gegenüber Dynasan-110-Schmelzen. Dieses Phänomen verstärkt sich mit steigender Temperatur.

4 Ergebnisse und Diskussion

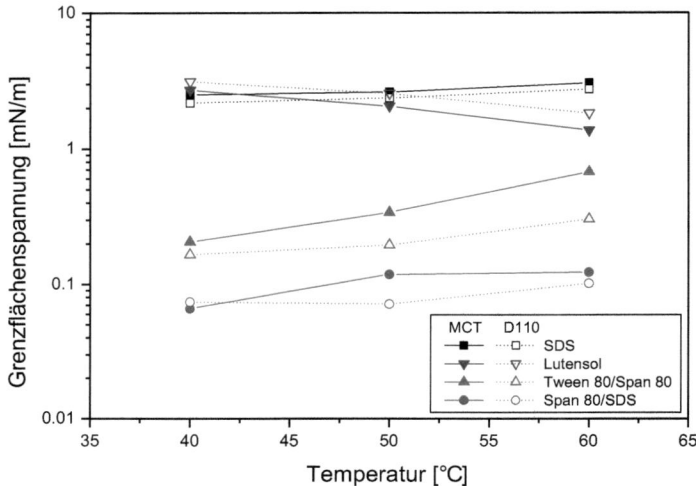

Abbildung 4.5.: Grenzflächenspannungen der einzelnen Triglyceridschmelzen gegenüber den verwendeten Emulgatorlösungen, vermessen mit Spinning Drop

Bei SDS-Lösungen ist ein leichte Erhöhung der Grenzflächenspannung mit steigender Temperatur festzustellen, die Werte liegen zwischen 2 und 3 mN/m. Bei der Lutensol-Lösung ist eine leichte Abnahme der Grenzflächenspannung mit steigender Temperatur zu beobachten. Die Werte liegen in der gleichen Größenordnung wie die der SDS-Lösungen. Wird zusätzlich Span 80 in den Lipiden gelöst, bewirkt das eine niedrigere Grenzflächenspannung mit Werten zwischen 0,17 und 0,68 mN/m bei Tween 80 und zwischen 0,07 und 0,12 mN/m bei SDS als zusätzlichem wasserlöslichem Emulgator. Bei Systemen, die Span 80 enthalten, steigt die Grenzflächenspannung bei Erhöhung der Temperatur. Die Gleichgewichtsgrenzflächenspannungen der vermessenen und im Dispergierprozess eingesetzten Stoffsysteme gegenüber Triglycerid-Schmelzen variieren um fast zwei Zehnerpotenzen. Damit lässt sich der Einfluss dieses Stoffwertes auf den Prozess untersuchen.

4.2 Dispersionen

Da bei allen Dispersionen mit konstanter Massenkonzentration des Emulgators gearbeitet werden sollte, wurde zunächst die minimal benötigte Emulgatorkonzentration mit Tween 80 ermittelt. Der Stabilisierungsmechanismus der kolloidalen Dispersionen wurde anschließend durch die Ermittlung des Zetapotentials untersucht. Die benötigte Anzahl an Durchgängen durch die Homogenisierdüse wurde bestimmt und schließlich bei jeweils ausreichend langer Homogenisierzeit die Abhängigkeit des PCS *z-average* Durchmessers und des Polydispersitätsindexes vom Homogenisierdruck ermittelt. Mittels *Differential Scanning Calorimetry* (DSC) wurde das Schmelz- und Kristallisationsverhalten des feindispergierten Trimyristins in Abhängigkeit der Partikelgröße untersucht. Die Feststoffmodifikation wurde mit Kleinwinkelröntgenstreuung ermittelt. Bilder der Partikel wurden mit Gefrierbruch-TEM aufgenommen.

Formulierungen mit PCS *z-average* Durchmessern größer 80 nm sind homogen milchig. Bei einigen Proben bildet sich bei Lagerung an der Phasengrenzfläche Wasser-Luft eine Schicht aus aufgerahmtem Triglycerid. Bei Dispersionen mit Durchmessern kleiner als 80 nm kommt es während der Lagerung zu einer Separation, wie es von Bunjes (1998) beschrieben wurde. In den Probenbehältern bildet sich im unteren Teil ein milchig trüber redispergierbarer Bereich mit klarem Überstand.

4.2.1 Emulgatorkonzentration

Emulgatoren sind während der Herstellung der Emulsionstropfen hinsichtlich ihrer Adsorptions-kinetik - wie in Abschnitt 2.1.2 und 2.1.3 beschrieben - entscheidend für die erzielbare Partikelgröße. Die Adsorptionsgeschwindigkeit der Emulgatormoleküle an die neu entstandene Grenzfläche steigt mit der Konzentration in der kontinuierlichen Phase. Darüber hinaus stabilisieren Emulgatoren über einen längeren Zeitraum das kolloidale System und verhindern eine Gelbildung (vgl. Abschnitt 2.2.6). Beide Aufgaben bedingen eine ausreichend hohe Emulgatorkonzentration in der kontinuierlichen Phase. Stang (1997) hat für ein Pflanzenöl-Tween 80 System gezeigt, dass die Partikelgröße durch Erhöhung der Emulgatorkonzentration sinkt.

Auf der anderen Seite sollte die Emulgatorkonzentration aus folgenden Gründen so niedrig wie möglich sein: Mit steigender Emulgatorkonzentration nimmt der Anteil der Mizellen im System zu, und die Formulierung erhält dadurch immer mehr den Charakter einer verdünnten Mikroemulsion, also einer so genannten „mizellaren Lösung". Als Konsequenz ergibt sich, dass eine mögliche Wirkstoffinkorporation nicht mehr alleine auf die Fettpartikel beschränkt

4 Ergebnisse und Diskussion

bleibt, sondern sich zunehmend auf diese Mizellen erstrecken kann. Außerdem können Emulgatoren insbesondere bei pharmazeutischen und kosmetischen Anwendungen Irritationen auslösen.

Trimyristindispersionen wurden - wie in Abschnitt 3.2 beschrieben - bei 500 bar und mit jeweils 5 Durchgängen durch die Homogenisierdüse hergestellt und bei zwei verschiedenen Temperaturen vor den PCS-Messungen gelagert. Die Konzentration von Tween 80 wurde zwischen 1 und 10 % [m/m] variiert. Die Ergebnisse sind in Abbildung 4.6 dargestellt.

Bei Dispersionen, die mit einer Emulgatorkonzentration von 1 % hergestellt und im Kühlschrank (4-8 °C) gelagert werden, kommt es zur Hydrogelbildung. PCS-Messungen sind dann nicht mehr möglich. Wie in Abschnitt 2.2.6 beschrieben, ist die 100 Ebene des Plättchens nicht mehr ausreichend mit Emulgatormolekülen belegt. Dispersionen mit höheren Emulgator-konzentrationen liegen als milchige, flüssige Systeme vor.

Die Partikelgröße sinkt mit steigender Emulgatorkonzentration zwischen 1 und 4 % von ca. 230 auf ca. 145 nm stark ab. Höhere Konzentrationen bewirken bei 500 bar Homogenisierdruck nur noch eine geringe Verkleinerung der Partikelgröße. Der Polydispersitätsindex (PI) ist für die Emulsionstropfen (Raumtemperatur) unabhängig von der Emulgatorkonzentration. Bei Proben, die vor der Messung bei 4-8 °C gelagert wurden (Suspensionen), sinkt der PI mit steigender Emulgatorkonzentration. Die Beträge der Zetapotentiale verringern sich mit steigender Emulgatorkonzentration.

Eine Emulgatorkonzentration von 1 % im Herstellungsprozess entspricht einer Emulgatorlösung von 11,11 g/L. Diese liegt über der kritischen Mizell-bildungskonzentration von Tween 80 (CMC = 0,25 g/l), und die maximale Belegungsdichte wird demnach wie bei allen verwendeten Emulgatorkonzentrationen erreicht. Das Auftreten von Koaleszenz liegt nicht an einer zu geringen Emulgatorkonzentration. Vielmehr kann davon ausgegangen werden, dass der schnellere Transport der Emulgatormoleküle, der für jeden Emulgator spezifisch ist, während der Herstellung für die Verkleinerung der Partikelgröße verantwortlich ist. Die nachfolgenden Untersuchungen werden mit 4 % Emulgator [m/m] durchgeführt.

4.2 Dispersionen

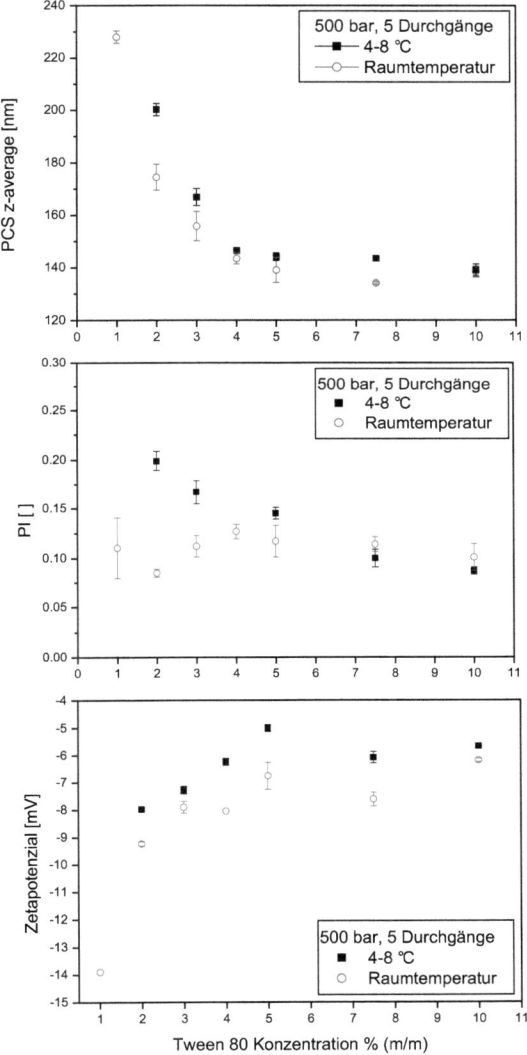

Abbildung 4.6: Oben: Mittlere Partikelgrößen – z-average; Mitte: Polydispersitätsindizes (PI); unten: Zetapontentiale, in Abhängigkeit der Emulgatorkonzentration, stabilisiert mit Tween 80

4.2.2 Zetapotentiale der Stoffsysteme

Das Zetapotential ist ein Maß für die elektrostatische Stabilisierung der Partikel während der Tropfenbildung und des entstandenen kolloidalen Systems (vgl. Abschnitt 2.1.1 und 2.1.3). Aus seiner Messung kann folglich auf den vorliegenden Stabilisierungsmechanismus (elektrostatisch oder sterisch), den die einzelnen Emulgatoren bewirken, geschlossen werden.

Die Abbildung 4.7 zeigt den Einfluss der verwendeten Emulgatoren auf die Zetapotentiale von Trimyristindispersionen, die vor der Messung bei Raumtemperatur (Emulsionen) oder bei 4-8 °C (Suspensionen) gelagert wurden. Die Suspensionen besitzen gegenüber den Emulsionen etwas geringere Werte. Bei Verwendung von Tween 80 sind alle Zetapotentiale unterhalb von -8 mV. Wird zusätzlich Span 80 eingesetzt, so steigen die Zetapotentiale geringfügig an. Alle mit nicht-ionischen Emulgatoren stabilisierten Formulierungen besitzen Werte unterhalb von -20 mV und neigen damit nach Riddick (1966) – wenn nur die elektrostatische Stabilisierung betrachtet wird - zur Agglomeration.

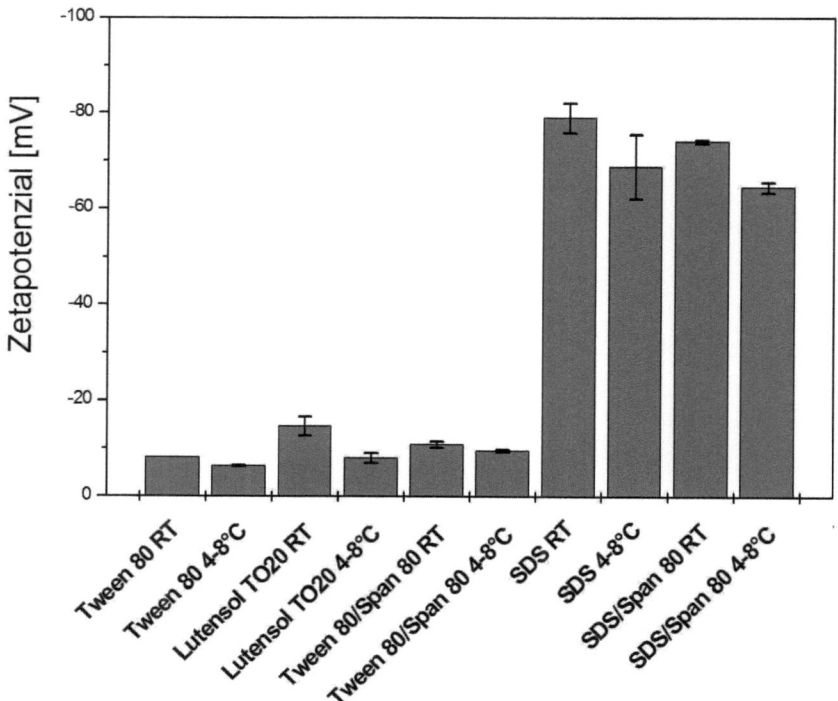

Abbildung 4.7.: Zetapotentiale der Trimyristinformulierungen, stabilisiert verschiedenen Emulgatoren und Mischungen; RT: Raumtemperatur

SDS und SDS/Span 80 stabilisierte Systeme weisen Potentiale auf, die größer als -61 mV sind. Sie besitzen damit nach Riddick (1966) eine ausgezeichnete elektrostatische Stabilität. Bei diesen Systemen bewirkt ein Zusatz von Span 80 und die damit verbundene Konzentrationsabsenkung von SDS eine geringfügige Absenkung des Zetapotentiales. Bei Verwendung nicht-ionischer Emulgatoren erfolgt die Unterdrückung der Koaleszenz während der Tropfenbildung und die Stabilisierung des kolloidalen Systems überwiegend durch sterische Mechanismen. Der anionische Emulgator SDS dagegen bewirkt eine elektrostatische Stabilisierung.

4.2.3 Homogenisierzeit

Wie in Abschnitt 2.1.5 beschrieben, wird die nötige Anzahl der Passagen durch die Dispergierzone von der Düsengeometrie bestimmt. Bedingt durch die kleinen Abmessungen der Düse in Laborhomogenisatoren, erfolgt der Tropfenaufbruch pro Durchgang seltener als in den Düsen von großtechnischen Apparaten. Das bedeutet, dass die Düse eines Laborhomogenisators mehrfach durchströmt werden muss, um ein mit großtechnischen Apparaten vergleichbares Emulgierergebnis zu erhalten. Die Verweilzeit der Emulsion in der Düse ist also spezifisch für den jeweils verwendeten Homogenisator. Eine wesentliche Vorraussetzung für die Auswertung der im nachfolgenden Abschnitt beschriebenen Emulgierversuche ist, dass sie unabhängig von der Emulgierzeit - also ausreichend lange - sind.

Wie in Abschnitt 3.2 beschrieben, wurde ein Premix hergestellt und im Hochdruckhomogenisator unter Rückführung des Austrittsstromes in den Vorlagebehälter emulgiert. Nach einer entsprechenden Verweilzeit gemäß Abbildung 3.6, wurde eine Probe entnommen. Die Proben wurden bei 20 °C (Raumtemperatur) und 4-8 °C temperiert und ihre Partikelgrößen bestimmt. In Abbildung 4.8 ist das Emulgierergebnis für Formulierungen, die mit Tween 80 stabilisiert sind, als PCS-*z-average* Durchmesser und Polydispersitätsindex der Suspensionen (4-8 °C) und Emulsionen (Raumtemperatur) in Abhängigkeit der Passagen durch die Homogenisierdüse, dargestellt.

Da von allen in Abschnitt 4.2 verwendeten Emulgatoren nur eine Versuchsreihe durchgeführt wurde, entsprechen die Fehlerbalken in den Diagrammen den Standardabweichungen, die sich aus zehn automatisierten Photonenkorrelationsspektroskopie-Messungen derselben Probe ergeben.

4 Ergebnisse und Diskussion

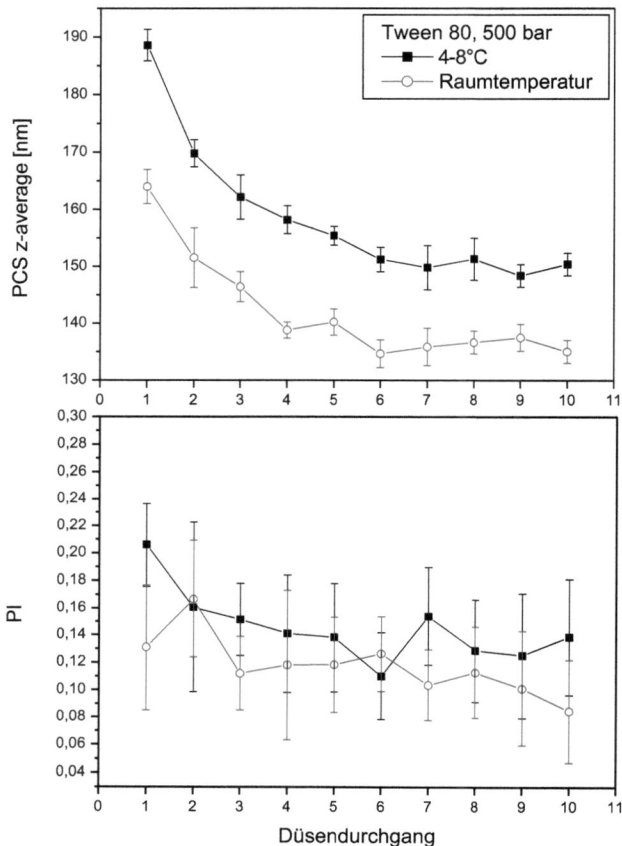

Abbildung 4.8.: Mittlerer Partikeldurchmesser PCS z-average (oben) und Polydispersitätsindex (unten) in Abhängigkeit der Durchgänge stabilisiert mit Tween 80

In den Suspensionen (4-8 °C) wird im Vergleich zu den Emulsionen (Raumtemperatur) ein um etwa 20 nm erhöhter Durchmesser ermittelt. Zwischen dem ersten und fünften Durchgang nimmt die Partikelgröße um etwa 30 bis 40 nm ab, ab dem fünften Durchgang verringert sich die Partikelgröße um etwa 10 nm. Nach zehn Durchgängen hat die Suspensionen eine Partikelgröße von ca. 155 nm und die Emulsion eine von 135 nm. Die Polydispersitätsindizes der Emulsionen liegen im Allgemeinen unterhalb der der Suspensionen. Die Unterschiede in den Partikelgrößen und der Breite der Verteilung zwischen den Suspensionen und Emulsionen lassen sich mit der Partikelform erklären, die sich bei der Kristallisation vom kugelförmigen Emulsionstropfen zum anisometrischen Plättchen wandelt. Der PI ist bis auf den Wert der

4.2 Dispersionen

Suspension für einen Düsendurchgang niedriger als 0,2 und entspricht damit einem Wert für eine enge Verteilung. Die Emulsion besitzt nach zehn Durchgängen einen PI < 0,1.

In Abbildung 4.9 ist das Emulgierergebnis für Formulierungen, die mit Lutensol TO 20 stabilisiert sind, als PCS *z-average* Durchmesser und Polydispersitätsindex der Suspensionen (4-8 °C) und Emulsionen (Raumtemperatur) in Abhängigkeit der Passagen durch die Homogenisierdüse dargestellt.

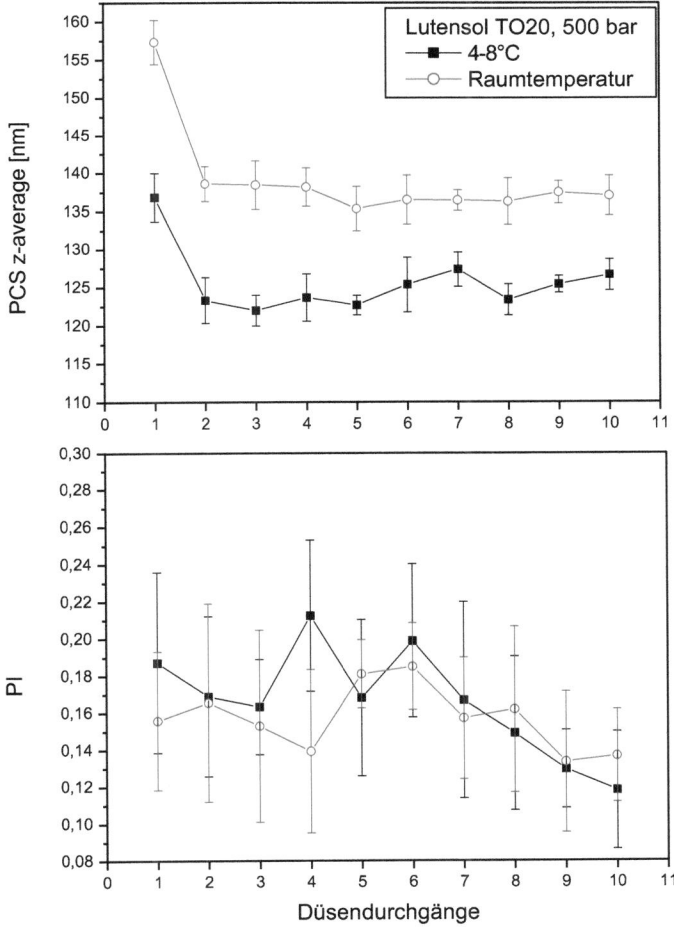

Abbildung 4.9.: Mittlerer Partikeldurchmesser (oben) und Polydispersitätsindex (unten) in Abhängigkeit der Düsendurchgänge stabilisiert mit Lutensol TO20

85

Im Gegensatz zu den mit Tween 80 stabilisierten Formulierungen werden die Proben, die bei Raumtemperatur gelagert werden, also eigentlich aus kugelförmigen Tropfen bestehen sollten, in der PCS um etwa 20 nm größer gemessen als die bei 4-8 °C gelagerten vermeintlich plättchenförmigen Suspensionspartikel. Die Partikelform müsste, wie bei den mit Tween 80 stabilisierten Proben (vgl. Abschnitt 4.2.4), mit einer elektronenmikroskopischen Methode ermittelt werden. Die Ergebnisse der thermischen Analyse und der Strukturanalyse (vgl. Abschnitt 4.2.6) zeigen, dass das feindispergierte Trimyristin bei 10 °C kristallisiert. Die unterschiedlich gemessen Partikelgrößen müssen also auf andere Phänomene, wie den temperaturabhängigen Kopfgruppenplatzbedarf der Emulgatormoleküle, zurückzuführen sein, die aber nicht Gegenstand der vorliegenden Arbeit sind.

Die Partikelgröße nimmt bereits zwischen dem ersten und zweiten Durchgang deutlich von 167 bzw. 137 auf etwa 140 bzw. 125 nm ab. Der PI ist mit Ausnahme des Wertes der Suspension für vier Düsendurchgänge niedriger als 0,2 und entspricht damit einem Wert für eine enge Verteilung. Der minimale Wert liegt bei 0,12 und wird nach zehn Durchgängen erreicht. Der PI sinkt also mit steigender Anzahl der Düsendurchgänge.

Die Ergebnisse für Formulierungen, die mit SDS stabilisiert wurden, zeigt die Abbildung 4.10. Auffällig sind zunächst die Überschneidungen der jeweiligen Kurven. Die vermeintlichen Emulsionen (Raumtemperatur) und Suspensionen (4-8°C) weisen etwa gleich große Partikelgrößenverteilungen auf. Grund ist eine Beeinflussung der Kristallisation durch den Emulgator. SDS induziert eine heterogene Kristallisation und das Trimyristin kristallisiert bereits bei Raumtemperatur, im Gegensatz zu den mit Tween stabilisierten Dispersionen. Genaueres wird in dem folgenden Abschnitt zur Feststoffmodifikation (vgl. Abschnitt 4.2.6) geklärt.

Nach fünf Durchgängen ist die mittlere Partikelgröße von ca. 175 nm auf ca. 145 nm gesunken, bei bis zu zehn Durchgängen verkleinern sich die Partikel auf ca. 140 nm. Die Anzahl der Düsendurchgänge hat kaum Einfluss auf die Breite der Partikelgrößenverteilung. Die Polydispersitätsindizes schwanken zwischen 0,07 und 0,2.

Die PCS *z-average* Durchmesser und Polydispersitätsindizes von Formulierungen, die mit Mischungen des wasserlöslichen Tween 80 und dem öllöslichen Span 80 stabilisiert wurden, befinden sich im Anhang A1 (Abbildung A1-1). Die Partikelgrößen und PIs der Emulsionen (Raumtemperatur) liegen unterhalb derer der Suspensionen (4-8°C). Die Partikelgrößen nehmen mit der Anzahl der Düsendurchgänge ab. Nach einem Durchgang beträgt der PCS *z-average* Durchmesser ca. 175 nm, nach fünf ca. 135 nm und nach zehn Durchgängen ca. 130 nm. Für die Suspensionen betragen diese Werte ca. 240 nm, 145 nm und 140 nm. Die PIs der

4.2 Dispersionen

Emulsionen schwanken zwischen 0,13 und 0,09, eine deutliche Abhängigkeit von der Anzahl der Durchgänge ist nicht zu erkennen. Im Gegensatz dazu nehmen die PIs der Suspension von anfänglich 0,25 ab und nähern sich einem Wert von ca. 0,15 an.

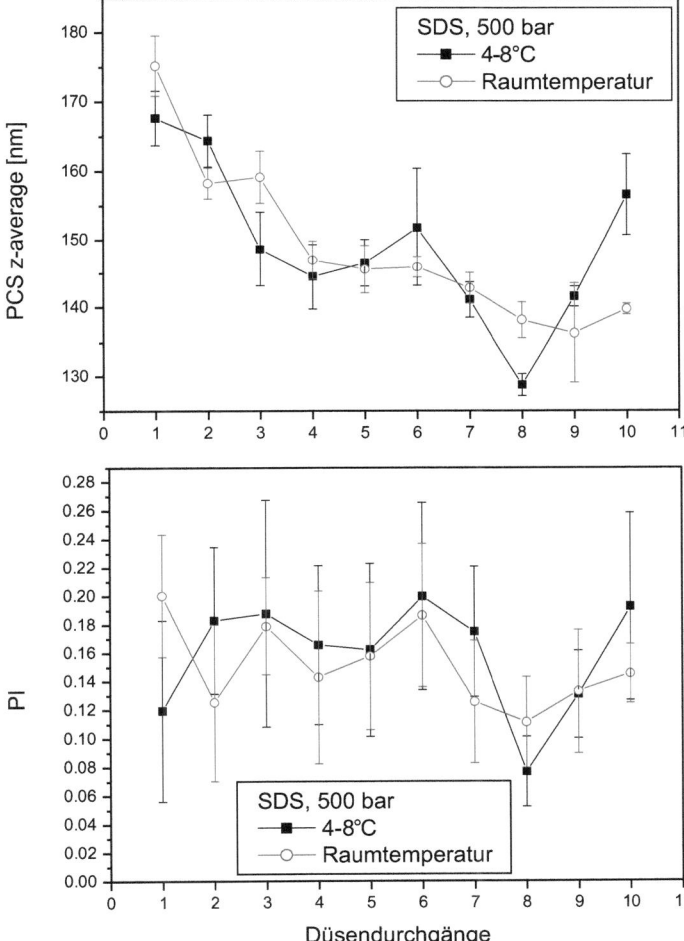

Abbildung 4.10: Mittlerer Partikeldurchmesser (oben) und Polydispersitätsindex (unten), in Abhängigkeit der Durchgänge, stabilisiert mit 4 % SDS

Die Ergebnisse für Formulierungen, die mit Mischungen aus SDS und Span 80 stabilisiert wurden, befinden sich im Anhang A1 (Abbildung A1-2). Die Partikelgrößen der Suspensionen (4-8°C) liegen nur für die Fälle der ersten drei und der letzten beiden Durchgänge leicht oberhalb derer der Emulsionen (Raumtemperatur). Nach eins, fünf und zehn Durchgängen liegen die Durchmesser der Emulsionen bei ca. 170 nm, ca. 155 nm und 145 nm. Die Durchmesser der Suspensionen sind bei der gleichen Anzahl an Düsenpassagen ca. 202 nm, ca. 155 nm und ca. 147 nm. Die PIs der Emulsion schwanken zwischen 0,15 und 0,09. Eine deutliche Abhängigkeit von der Anzahl der Durchgänge ist nicht zu erkennen. Die PIs sinken zwischen dem ersten und dritten Durchgang von 0,23 auf 0,12 und bleiben bei weiteren Durchgängen annähernd konstant.

Die Emulgierzeit nimmt bei kleiner werdenden Tropfengrößen und der damit verbundenen Erhöhung des Energieeintrages nach Gl. (2.8) zu. Folglich müsste für jeden Druck, respektive Energieeintrag, die Anzahl der Düsendurchgänge bestimmt werden. Für Untersuchungen zur Abhängigkeit der Partikelgrößenverteilung vom Energieeintrag (Abschnitt 4.2.5) wurde daher wie folgt verfahren: Die Preemulsion wurde bei dem niedrigsten gewünschten Druck (z.B. 200 bar) fünfmal durch die Homogenisierdüse gefördert, dann die Probe entnommen. Die verbleibende Emulsion wurde bei dem nächst höherem Druck (z. B. 300 bar) wiederum für fünf Durchgänge homogenisiert und eine Probe entnommen. Dieses Vorgehen wurde bis maximal 1600 bar wiederholt. Daher muss bei der Interpretation der Ergebnisse im genannten folgendem Abschnitt beachtet werden, dass die Verweilzeiten kummulativ ansteigen. Das Vorgehen stellt eine vereinfachte Handhabung beim Schmelzeemulgieren, und der damit verbundenen Sicherstellung von reproduzierbaren Ergebnissen, dar. Außerdem sollten die Belastung der Homogenisierdüse minimiert und Reparaturen vermieden werden.

4.2.4 Gefrierbruch-Transmissionselektronenmikroskopie

Eine wichtige Hypothese für die vorliegende Arbeit ist, dass die Trimyristinpartikel bei der Kristallisation ihre Form vom kugelförmigen Tropfen zum Plättchen ändern, wenn die Kristallisation nicht vom Emulgator beeinflusst wird. Um das zu überprüfen, wurden Gefrierbruch-TEM-Bilder von Formulierungen, die zum einen auf Raumtemperatur belassen und zum anderen auf 4-8 °C abgekühlt wurden, aufgenommen (Abbildung 4.11). Die Dispersionen sind mit Tween 80 stabilisiert und bei 800 bar homogenisiert worden. Gefrierbruch-TEM-Untersuchungen konnten lediglich für Formulierungen durchgeführt werden, die mit Tween 80 stabilisiert waren. Wie im oberen Bild zu erkennen ist, sind die Emulsionstropfen (A) beim Einfrieren durch Eiskristalle (die „glatten" Flächen) zusammengedrückt worden, weil diese Probe vor dem Einfrieren nicht mit Glycerol versetzt worden war. Zu erkennen ist in dem Bereich A amorphes Fett mit Tropfengrößen im Bereich der PCS Messungen. Kristallisiertes Triglycerid ist in den Proben nicht auszumachen.

4.2 Dispersionen

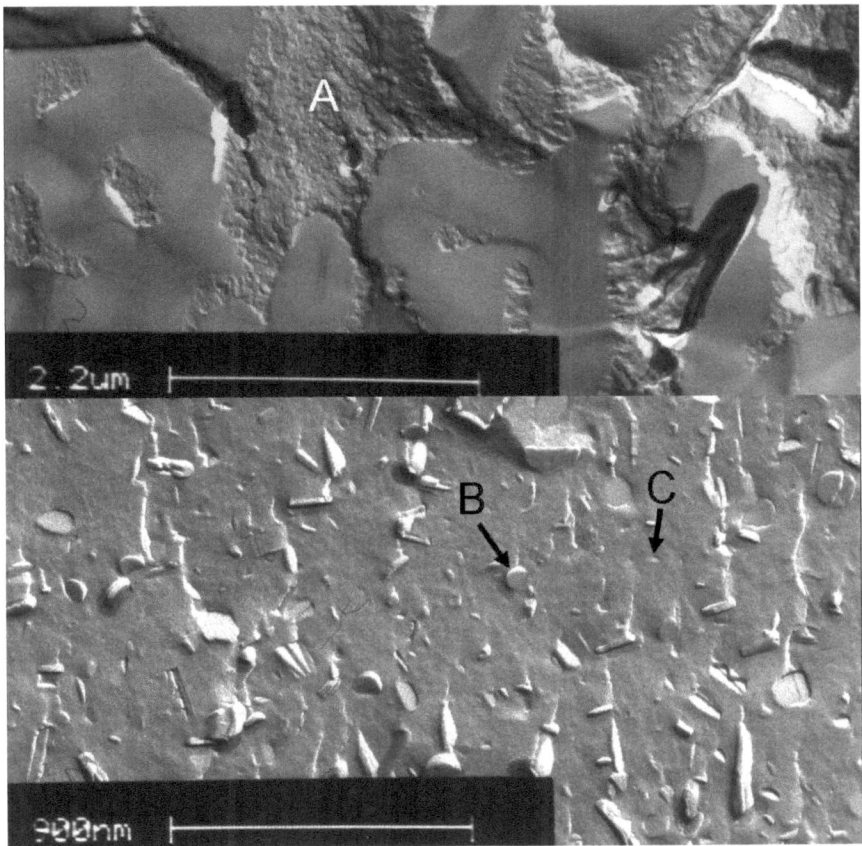

Abbildung 4.11.: Gefrierbruch TEM Aufnahmen von einer Emulsion (oben) und einer Suspension (unten)

Die Suspensionsproben sind vor dem Einfrieren mit Glycerol versetzt worden. Die Partikel liegen homogen verteilt vor. Neben den plättchenförmigen Partikeln (B) sind kleine runde Teilchen (C) im Replika zu erkennen. Form und Größe dieser kleinen Fragmente deuten darauf hin, dass es sich hierbei um Emulgatormizellen handelt. Die festen größeren Partikel zeigen die von Bunjes et al. (2007) beschriebene Plättchenform für Partikel, deren Triglycerid sich in der ß-Modifikation befindet.

Für Tween 80 stabilisierte Dispersionen kann davon ausgegangen werden, dass eine Lagerung bei Raumtemperatur (20 °C) nicht zur Kristallisation des Trimyristin führt. Eine Lagerung bei

4 Ergebnisse und Diskussion

4-8 °C dagegen, führt zur Kristallisation in zweidimensionalen Schichten, wie in Abschnitt 2.2.4 beschrieben.

4.2.5 Energieeintrag

In Hochdruckhomogenisatoren ist der Energieeintrag bzw. die volumenbezogene Energiedichte eine Funktion des Druckverlustes innerhalb der Homogenisierdüse (vgl. Abschnitt 2.1.4 u. 2.1.5). Bei dem in der vorliegenden Arbeit verwendeten Hochdruckhomogenisator wird die Dispersion innerhalb der Düse von bis zu 1800 bar auf Umgebungsdruck entspannt. Aus Messreihen, in denen die Tröpfchengröße in Abhängigkeit des Druckes vor dem Düseneintritt ermittelt wird, wird eine Funktion zwischen Energiedissipation und kleinster erzielbarer mittlerer Tropfengröße hergestellt. Diese Funktion ist für die möglichen Strömungsregime, in denen der Tropfenaufbruch erfolgen kann, unter der Bedingung bekannt, dass keine Koaleszensphänomene nach der Tropfenbildung auftreten (vgl. 2.1.3). Emulgatoren hemmen die Koaleszenz. Damit die Koaleszenz vollständig unterdrückt wird, müssen die Grenzflächen der Tropfen ausreichend mit Emulgatormolekülen belegt sein. Neben der in Abschnitt 4.2.1 untersuchten Konzentration und der Strömungsform, sind die Adsorptionskinetiken der Emulgatoren von großer Bedeutung zur Unterdrückung von Koaleszenz.

In der vorliegenden Arbeit wurde mit einem kommerziellen Ringspalthomogenisator gearbeitet. Es wird davon ausgegangen, dass die Tropfenbildung aufgrund verschiedener Mechanismen erfolgt, die sich überlagern, so dass zur Auswertung nicht mit einer theoretischen Proportionalitätsbeziehung nach Abschnitt 2.1.3 gearbeitet werden kann, sondern, dass das Energiedichtekonzept - wie in Abschnitt 2.1.4 beschrieben - angewendet werden muss. Damit lassen sich die eingesetzten Emulgatoren hinsichtlich ihrer Fähigkeit, die Tropfen nach der Entstehung möglichst schnell gegen Koaleszenz zu stabilisieren, vergleichen. Mit Hilfe des Koeffizienten b in der Prozessfunktion (Gl. 2.23), lässt sich die Adsorptionskinetik bei gegebener Emulgatorkonzentration quantifizieren.

In der folgenden Abbildung 4.12 sind die mittleren Partikelgrößen und Polydispersitätsindizes der Versuche, die bei steigendem Druck mit 4 % Tween 80 durchgeführt wurden, dargestellt. Die Proben wurden wie bei den Untersuchungen des vorangegangen Abschnitts bei Raumtemperatur belassen, bis sie auf diese abgekühlt waren (Emulsionen). Proben, die kristallisieren sollten (Suspensionen), wurden im Kühlschrank bzw. Kühlraum bei 4-8 °C gelagert. Fehlerbalken sind eingezeichnet, wenn mehr als ein (maximal 4) unabhängiger Versuch und Messung durchgeführt wurden. Der mittlere Partikeldurchmesser sinkt mit steigendem Homogenisierdruck zwischen 200 und 1600 bar bei den Dispersionen, die bei Raumtemperatur gelagert wurden (Emulsionen), von 143,5 nm auf 129,3 nm. Dispersionen, die bei 4-8 °C gelagert wurden (Suspensionen), werden mit der PCS im Durchschnitt ca. 10 nm größer gemessen.

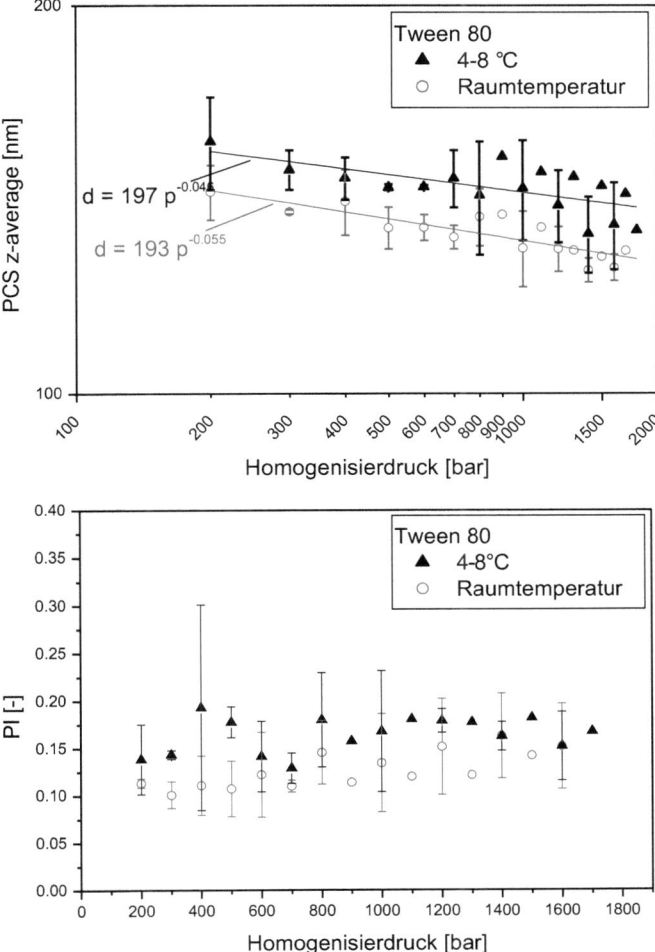

Abbildung 4.12.: Mittlerer Partikeldurchmesser (oben) und Polydispersitätsindex (unten), in Abhängigkeit vom Homogenisierdruck, stabilisiert mit Tween 80

Die in der Abbildung 4.12 eingezeichnete *Fitting* Kurve ist, wie bei den anderen Messreihen, aus den Werten des gesamten Druckbereiches ermittelt worden. Die Steigungen der Prozessfunktionen, ausgedrückt durch den Exponenten b, betragen für die Emulsion (Raumtemperatur) -0,055 und für die Suspensionen (4-8°C) -0,046. Der geringere Betrag des Koeffizienten

C der Prozessfunktion bei der Emulsion spiegelt den Effekt der runden Tropfen der Emulsion gegenüber den plättchenförmigen Partikeln der Suspensionen wider.
Die Polydispersitätsindizes der Emulsionen und der Suspensionen liegen zwischen 0,1 und 0,2. Die Werte für die Emulsionen liegen unter denen der Suspensionen und sind unabhängig vom Homogenisierdruck. Da mit steigendem Druck, bedingt durch die Herstellungsmethode, auch die Anzahl der Durchgänge zunimmt, sollte der PI eigentlich sinken. Es muss jedoch bedacht werden, dass kleinere Partikel im Vergleich zu größeren, längere Verweilzeiten für gleiche Größenverteilungen benötigen (Povey 2001, Schubert 2005, Walstra 2005).
In der Abbildung 4.13 sind die mittleren Partikelgrößen (PCS *z-average*) und Polydispersitätsindizes (PI) in Abhängigkeit des Homogenisierdruckers für Dispersionen, die mit 4 % Lutensol TO20 stabilisiert wurden, dargestellt. Der mittlere Partikeldurchmesser sinkt mit steigendem Homogenisierdruck zwischen 200 und 1500 bar bei den Dispersionen, die bei Raumtemperatur gelagert wurden (Emulsionen) von 165 nm auf 116 nm. Die Partikelgrößen der Suspensionen sinken mit steigendem Energieeintrag von 140 nm auf 110 nm. Die PCS *z-average* Durchmesser der Proben, die bei Raumtemperatur gelagert wurden, liegen oberhalb derer der gekühlten Proben. Die Verhältnisse sind im Vergleich zu den mit Tween 80 stabilisierten Dispersionen umgekehrt. Die Ursache hierfür kann im Rahmen dieser Arbeit nicht geklärt werden. Dazu bedarf es der Anwendung von beipielsweise bildgebender Methoden wie der Gefrierbruch-TEM. Eine Diskussion der Feststoffmodifikation erfolgt in dem Abschnitt 4.2.6.
Der Exponent b liegt für die Emulsionen (Raumtemperatur) bei 0,183 und für die Suspensionen (4-8°C) bei 0,109. Sie sind im Vergleich zu Tween 80 also deutlich erhöht, was bedeutet, dass Lutensol TO20 die Tropfen schneller gegen Koaleszenz stabilisiert als Tween 80. Die Polydispersitätsindizes für 300, 400 und 600 bar liegen zwischen 0,2 und 0,3. Die hohen Werte lassen sich mit der geringen Anzahl an Düsendurchgängen (5, 10, und 15) erklären. Die restlichen PIs liegen zwischen 0,12 und 0,2. Der PI ist ab 800 bar konstant.
Ein Vergleich der Formulierungen, die mit Tween 80 und Lutensol TO20 stabilisiert sind, mit Literaturergebnissen zeigt, dass die Partikel in der vorliegenden Arbeit größer sind. Bunjes et al. (2000) haben mit Dynasan 114 und dem nicht-ionischen Emulgator Tyloxapol (bis zu 10 % bei 10% Dispersphasenanteil), in einem Homogenisator mit großer Düsengeometrie (LAB 40) bei 1500 bar und fünf Durchgängen Partikel mit einem PCS *z-average* Durchmesser von 66 nm und PI von 0,21 erhalten. Der relativ hohe Emulgatorgehalt und unter Umständen die abweichende Düsengeometrie, die bei dem LAB 40 in einem industriellen Maßstab liegt, sind für die deutlich kleineren Partikelgrößen verantwortlich.

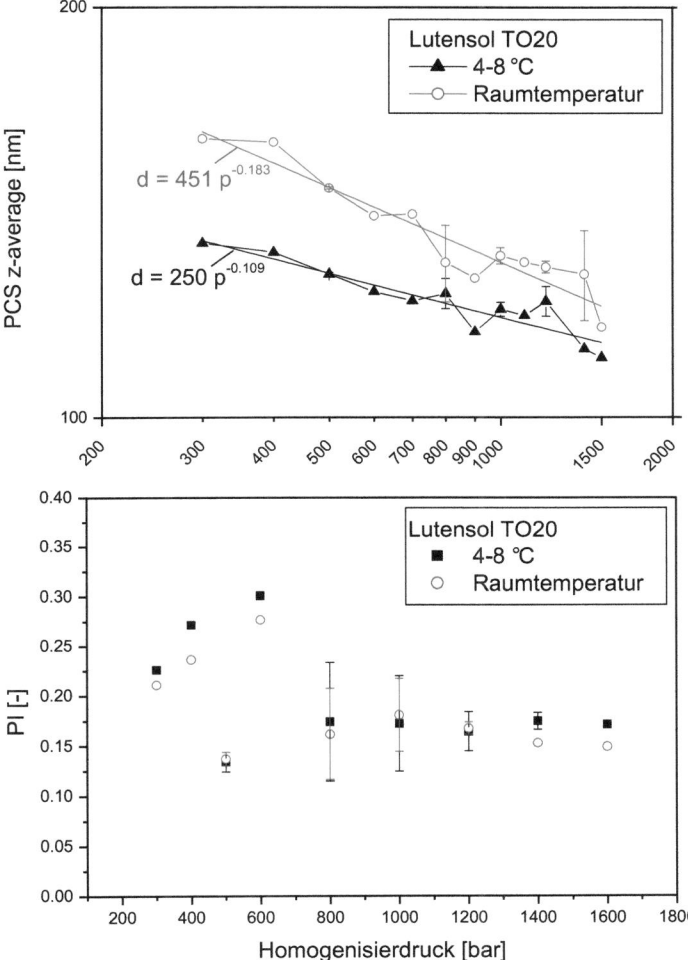

Abbildung 4.13.: Mittlerer Partikeldurchmesser (oben) und Polydispersitätsindex (unten), in Abhängigkeit vom Homogenisierdruck, stabilisiert mit Lutensol TO20

Natriumdodecylsulfat (SDS) ist ein sehr gut beschriebener wasserlöslicher, anionischer, niedermolekularer Emulgator. Bedingt durch das im Vergleich zu Tween 80 oder Lutensol TO20 deutlich geringere Molekulargewicht, ist im Vergleich zu diesen eine beschleunigte Adsorptionskinetik zu erwarten und das Emulgierergebnis sollte folglich durch kleinere Partikelgrößen

4 Ergebnisse und Diskussion

gekennzeichnet sein (Kempa et al. 2006, Tesch et al. 2002a). Der theoretische HLB-Wert (vgl. Abschnitt 2.1.1) des SDS von 40 macht deutlich, dass dieses Molekül sehr viel besser wasserlöslich ist als die nicht-ionischen Emulgatoren, was die beschleunigte Adsorption ebenso verständlich macht. Andererseits ist bekannt, dass anionische Emulgatoren die Kristallisation von Triglyceriden beeinflussen (Bunjes et al. 2002, 2003).

Wie bei den vorangegangen Untersuchungen wurde bei jeweils ausreichend langer Homogenisierzeit die Abhängigkeit des PCS *z-average* Durchmessers und des Polydispersitätsindexes vom Homogenisierdruck bestimmt. In der Abbildung 4.14 sind diese beiden Werte in Abhängigkeit des Energieeintrages dargestellt.

Wie bei den Untersuchungen zur Anzahl der erforderlichen Düsendurchgänge in Abschnitt 4.2.3 sind die Messwerte für die beiden unterschiedlich gelagerten Proben in derselben Größenordnung und überschneiden sich. Innerhalb des untersuchten Druckbereiches nehmen die PCS z-average Durchmesser von 185 auf 60 nm ab. Dispersionen mit Partikelgrößen kleiner ca. 80 nm werden transparent, weil die Lichtstreuung nachlässt. Weiterhin wird beobachtet, dass es in diesen Dispersionen bei Lagerung zu einer redispergierbaren Separation des kolloidalen Systems kommt, in dem ein transparenter Bereich über einem milchigen auftritt. Solche Phänomene für sehr kleine Partikelgrößen wurden auch von Bunjes (1998) beschrieben aber nicht weiter untersucht.

Die eingetragenen Prozessfunktionen und dazugehörigen Koeffizienten und Exponenten sind aus den Daten des gesamten Druckbereiches ermittelt. In beiden Kurven treten zwei Abschnitte mit unterschiedlichen Steigungen auf. Bis 1000 bar sind die Exponenten b = 0,19 für bei Raumtemperatur gelagerte, und b = 0,13 für die bei 4-8 °C gelagerten Proben. Oberhalb von 1000 bar sind die Exponenten b = 1,14 (Raumtemperatur) bzw. b = 0,7 (4-8 °C). Da die Steigung der Kurve sich verstärkt, können hierfür keine die Adsorptionskinetik negativ beeinflussenden Gründe vorliegen. Vielmehr könnte eine Änderung des Strömungsregimes und die damit verbundene Änderung des Mechanismus der Tropfenbildung Ursache sein. Höhere Homogenisierdrücke bedeuten bei der verwendeten Düse eine Verkleinerung des Homogenisier-spaltes, in dem dann der Tropfenaufbruch in zunehmend laminarer Dehnströmung oder beeinflusst durch die Rohrwand, stattfinden kann, was mit größeren Exponenten einhergehen würde.

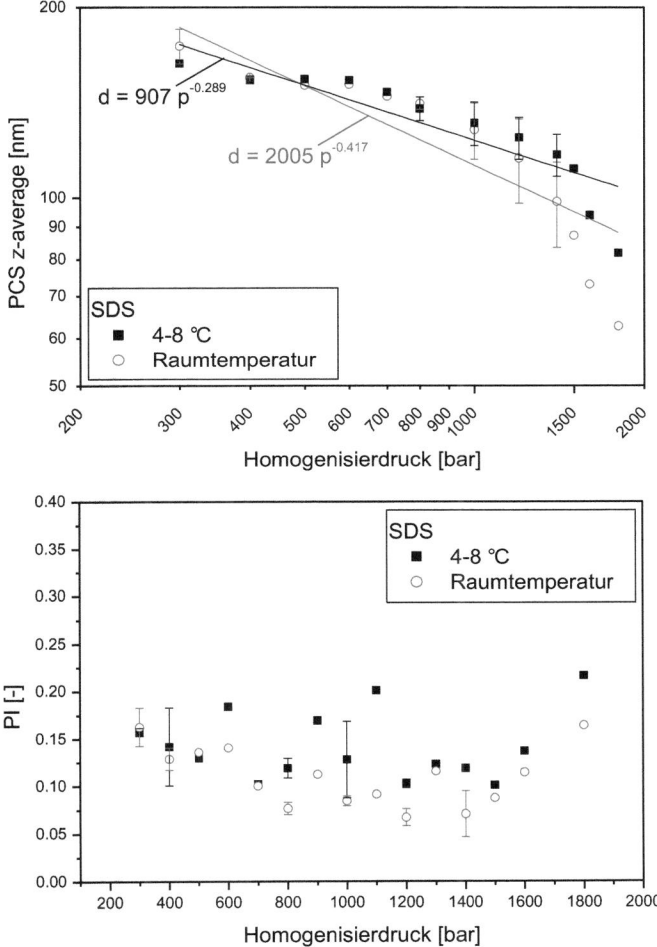

Abbildung 4.14.: Mittlerer Partikeldurchmesser (oben) und Polydispersitätsindex (unten), in Abhängigkeit vom Homogenisierdruck, stabilisiert mit 4 % SDS

Die Diagramme zum Einfluss des Energieeintrages auf die Partikelgröße für das Stoffsystem Tween 80 in der kontinuierlichen und Span 80 in der dispersen Phase befinden sich in Abbildung 4.15.

4 Ergebnisse und Diskussion

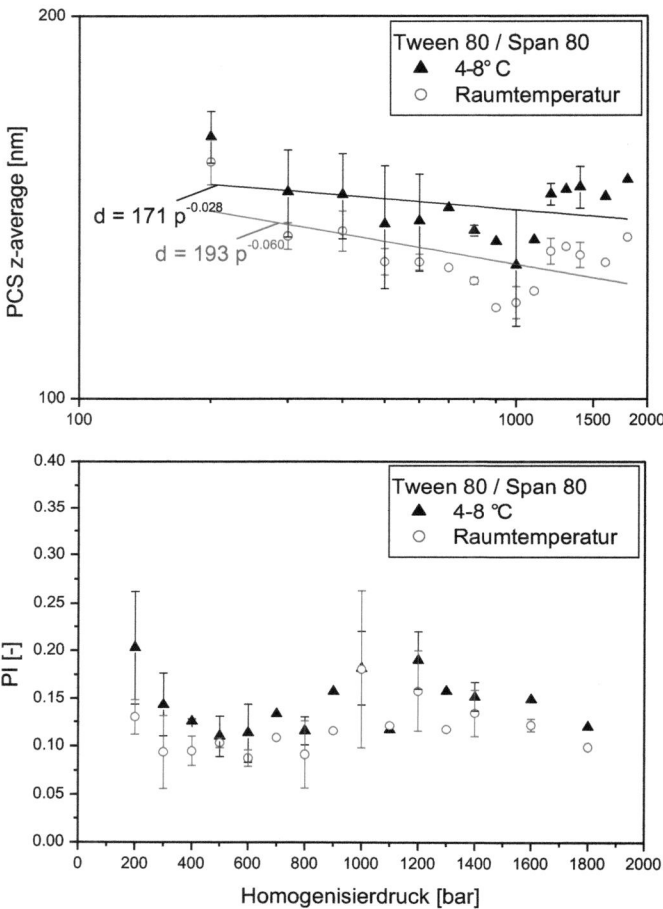

Abbildung 4.15: Mittlerer Partikeldurchmesser (oben) und Polydispersitätsindex (unten), in Abhängigkeit vom Homogenisierdruck, stabilisiert mit ca. 3 % Tween 80 und ca. 1 % Span 80

Beide Messreihen der Partikelgröße zeigen zwei Bereiche. Bis 1000 bar sinkt die Partikelgröße mit steigendem Homogenisierdruck. Eine weitere Druckerhöhung führt zu größeren Partikeln, es findet ein Überemulgieren statt. Die in der Abbildung 4.15 eingezeichnete *Fitting* Kurve ist, wie bei den anderen Messreihen, aus den Werten des gesamten Druckbereiches ermittelt worden. Für den ersten Bereich bis 1000 bar betragen die Steigungen der Prozessfunktionen für die Emulsion (Raumtemperatur) -0,129 und für die Suspensionen (4-8°C) -0,036.

4.2 Dispersionen

Ein Überemulgieren tritt auf, weil die Konzentration an wasserlöslichem Emulgator zu gering ist, um Koaleszenz zu unterdrücken. Alle in der vorliegenden Arbeit untersuchten Stoffsysteme sind mit konstantem Massenanteil an Emulgator von 4 % hergestellt worden. Wenn neben einem wasserlöslichen auch ein öllöslicher Emulgator verwendet wird, führt das zu einer geringeren Emulgatorkonzentration in der kontinuierlichen Phase.

Wird statt Tween 80 SDS als wasserlöslicher Emulgator verwendet, sinkt die Partikelgröße über den gesamten Druckbereich ab (Anhang A2 – Abbildung A2-1), obwohl der Massenanteil an SDS (0,6 %) gegenüber dem mit Tween 80 (1 %), verringert ist. Die Stoffmengenkonzentrationen sind mit 0,0023 mol pro 100g Dispersion für Tween 80 und 0,0026 molpro 100g Dispersion für SDS in der gleichen Größenordnung. Bei Verwendung von SDS und Span 80 werden in Dispersionen, die vor der Messung gekühlt wurden, gegenüber denen, die bei Raumtemperatur gelagert wurden, größere PCS *z-average* Partikeldurchmesser und Polydispersitätsindizes erreicht. Zusammenfassend sind in der Tabelle 4.2 die Ergebnisse der Untersuchungen zum Energieeintrag aufgeführt.

Tabelle 4.2.: Zusammenfassung der Untersuchungen zur Variation des Energieintrages

	Emulsionen (20 °C)			Suspensionen (4-8 °C)		
	b	C	PI[a]	b	C	PI[a]
Tween 80	0,06	193	0,13	0,05	197	0,16
Lutensol TO20	0,18	451	0,19	0,11	250	0,20
SDS	0,19[b] 0,42[c]	2005	0,11	0,13[b] 0,29[c]	907	0,14
Tween 80 / Span 80	0,13[b] 0,06	193	0,12	0,04[b] 0,03	171	0,14
SDS / Span 80	0,22	616	0,13	0,26	678	0,19

a) Mittelwert über den gesamten untersuchten Druckbereich; b) bis 1000 bar; c) >1000 bar;

Der Exponenten b nimmt für Formulierungen, die mit Tween 80 stabilisiert wurden, den niedrigsten Wert an. Bei lutensolhaltigen Systemen ist b erhöht und nimmt bei SDS stabilisierten Formulierungen die höchsten Werte an. Das gilt für beide Lagertemperaturen. SDS kann also

4 Ergebnisse und Diskussion

von allen untersuchten Emulgatoren die neu gebildeten Grenzflächen am schnellsten gegen Koaleszenz stabilisieren. Wie in Abschnitt 4.1.3 beschrieben, können Tween 80, Lutensol TO20 und SDS anhand ihrer Grenzflächenspannung im Gleichgewicht bei 60 °C und der Verwendung von Dynasan 110 miteinander verglichen werden. Während Tween 80 eine Grenzflächenspannung von etwa 5,5 mN/m zwischen den Phasen bewirkt, senkt Lutensol TO20 diese auf ca. 2 mN/m und SDS auf ca. 2,8. Die Grenzflächenspannungen der nichtionischen Emulgatoren sinken mit steigender Temperatur. Die Grenzflächenspannung von SDS steigt bei Temperaturerhöhung leicht an. Der aus der Prozessfunktion gewonnene Koeffizient C zeigt, dass die im Gleichgewicht gemessene verringerte Grenzflächenspannung im Prozess keinen Einfluss besitzt. Wenn die Gleichgewichts-grenzflächenspannung Einfluss hätte, müsste der Tropfenaufbruch durch Belegung der Grenzfläche mit Emulgator erleichtert sein, und es müssten sich dadurch bei gleichem Energieeintrag kleinere Tropfen bilden. Die Partikelgrößen der mit Tween 80 stabilisierten Dispersionen sind jedoch nicht größer als die übrigen.

Die Prozessfunktionen von Dispersionen, die mit SDS stabilisiert wurden, besitzen die größten Koeffizienten und Durchmesser bei einem Homogenisierdruck von 500 bar. Die Partikelgrößen der Lutensol stabilisierten Dispersionen bei 500 bar sind mit den anderen nicht zu vergleichen, da ihre Werte aufgrund der erwähnten, durch die Lagertemperatur bedingten Phänomene, verfälscht sind.

Der Vergleich zwischen Dispersionen, die ausschließlich mit wasserlöslichen Emulgatoren hergestellt wurden, zu denen, die in der dispersen Phase den öllöslichen Emulgator Span 80 enthielten, zeigt eine Verschlechterung des Emulgierergebnisses. Wie in Abschnitt 4.1.3 dargestellt, ist die Gleichgewichts-grenzflächenspannung für diese Systeme mit den zwei verschiedenen Emulgatoren etwa zehnmal niedriger. Span 80 hat - wie in Abschnitt 4.1.2 gezeigt - wenn überhaupt, nur einen sehr kleinen Einfluss auf die dynamische Viskosität. Aus den Ergebnissen kann also geschlussfolgert werden, dass öllösliche Emulgatoren während der Tropfenbildung keinen Beitrag zur Kurzzeitstabilität leisten können, sondern überwiegend die wasserlöslichen Emulgatoren diese Aufgabe übernehmen.

4.2.6 Charakterisierung der dispersen Phase

Bei der definierten Herstellung fester Partikel ist es unabdingbar, die disperse Phase hinsichtlich ihres Aggregatzustandes zu überprüfen. Thermische Analyse und Röntgendiffraktometrie sind notwendig zur Interpretation der ermittelten Partikelgrößen (vgl. Abschnitt 4.2.3 und 4.2.5). Thermogramme, die mittels Differential Scanning Calorimetry (DSC) aufgenommen

4.2 Dispersionen

werden, können durch Auswertung der Temperaturen und Enthalpien der jeweiligen Phasenwechsel Hinweise auf die vorliegende Feststoffmodifikation geben. Die tatsächlich vorliegende Modifikation kann mit Kleinwinkelröntgendiffraktometrie (SAXS) ermittelt werden.

Hinsichtlich einer Eignung als Trägersystem für Wirk- oder Effektstoffe bestimmt die Feststoffmodifikation zudem die Möglichkeit zur Aufnahme von Fremdmolekülen in das Gefüge und ist daher eine wichtige Eigenschaft für ein derartiges System (Bunjes et al. 2001, Mehnert und Mäder 2001, Müller et al. 2000). Darüberhinaus tritt, wie in Abschnitt 2.2.3 beschrieben, bei kolloidal dispergierten Systemen eine Abhängigkeit der Schmelz- und Kristallisationstemperaturen von der Partikelgröße auf (Jackson und McKenna 1990, Bunjes et al. 2000).

Aus der Temperatur, bei der die Kristallisation stattfindet, können Rückschlüsse auf den Mechanismus der Kristallisation gezogen werden (vgl. Kap. 2.2.2). Während die Kristallisation aufgrund von heterogener Kristallkeimbildung bei gleichen Temperaturen wie im einphasigen Bulkmaterial stattfindet, ist die Temperatur bei Kristallisation aufgrund von homogener Kristallkeimbildung verringert. Das Schmelzen erfolgt im Vergleich zum Bulk in mehreren diskreten thermischen Ereignissen.

In Abbildung 4.16 ist die Kristallisation während des Abkühlens von Dispersionen, die mit 4 % Tween 80 stabilisiert wurden, dargestellt.

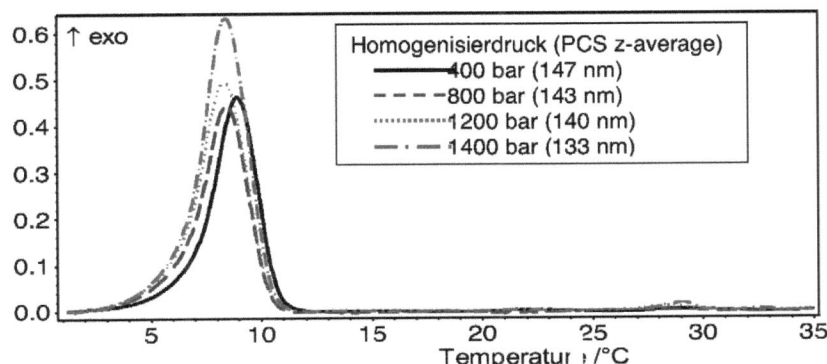

Abbildung 4.16.: Thermogramme von Dispersionen, stabilisiert mit Tween 80, in Abhängigkeit von der mittleren Partikelgröße während des Abkühlens

Neben den Haupt*peaks* bei ca. 9 °C treten bei Dispersionen mit kleinen PCS *z-average* Durchmessern, die bei 1200 und 1400 bar homogenisiert wurden, Neben*peaks* bei ca. 28 °C auf. Das steht im Widerspruch zu der Annahme, dass die bei dieser hohen Temperatur stattfindende Kristallisation - aufgrund einer heterogenen Keimbildung - nur in Tropfen erfolgen kann, die größer als 5 µm sind. Der Anteil derartiger Tropfen sollte eigentlich nach dem erhöhten Druck und den häufigeren Düsendurchgängen verringert sein.

Die Temperaturen (im Thermogramm nicht markiert) der Haupt*peaks* beim Kühlen liegen zwischen 8,4 und 9 °C. *Die Onset*-Temperaturen, die bei der verwendeten Software als *Peak*ende erfasst werden, betragen bei allen vermessenen Dispersionen zwischen 10,2 und 11 °C. Die Temperaturen sind in Übereinstimmung zu der Arbeit von Bunjes (1998). Bunjes et al. (2007) haben an temperaturabhängiger Röntgendiffraktometrie gezeigt, dass die Kristallisation in Systemen, wie sie in der vorliegenden Arbeit untersucht werden, stets in der α-Modifikation erfolgt.

Die Kristallisationsenthalpien, die die Peakflächen im Thermogramm darstellen, nehmen mit kleiner werdendem Durchmesser von 15 auf 22 J/g zu. Im Vergleich zur Schmelzenthalpie der α-Modifikation des Bulkmaterials (ca. 104 J/g, vgl. Abschnitt 4.1.1), das zu 10% in den Dispersionen enthalten ist, werden also höhere Werte erreicht. Für dieses Phänomen konnte in der Literatur keine Erklärung gefunden werden. Jackson und McKenna (1990) berichten von der Verringerung der Schmelzenthalpien in kleiner werdenden Porengrößen. Zur Klärung dieser Problematik sind weitere Arbeiten nötig.

Dargestellt in Abbildung 4.17 sind Thermogramme von Suspensionen, die während des zweiten Aufheizens von 1 auf 70 °C aufgenommen wurden. Sämtliche Proben, die nach der Herstellung bei Raumtemperatur belassen wurden, zeigen in den Thermogrammen während des Aufheizens keine thermischen Ereignisse (Thermogramme nicht dargestellt).

Ein thermisches Ereignis bei der Schmelztemperatur des Ausgangsmaterials (T_{Onset} = 55,6 °C, vgl. Abschnitt 4.1.1) ist nicht detektierbar. Wie bei der Untersuchung der Kristallisation, nehmen die *Peak*höhen mit kleiner werdenden PCS *z-average* Durchmessern zu. Im Thermogramm lassen sich sieben Ereignisse, die als *Peak*, Schulter oder *Peak*maxima eingestuft werden können, detektieren. Es ist davon auszugehen, dass die Schultern „verwischte" *Peaks* sind, die nur aufgrund mangelnder Empfindlichkeit der verwendeteten Messapparatur nicht als *Peak* erscheinen.

Die Aufteilung des Schmelzvorganges in mehrere diskrete thermische Ereignisse macht eine sinnvolle Auswertung der *Peak*flächen und damit der Schmelzenthalpien unmöglich, da die Basislinie nicht mehr erreicht wird und die einzelnen *Peaks* nicht getrennt voneinander ausgewertet werden können.

4.2 Dispersionen

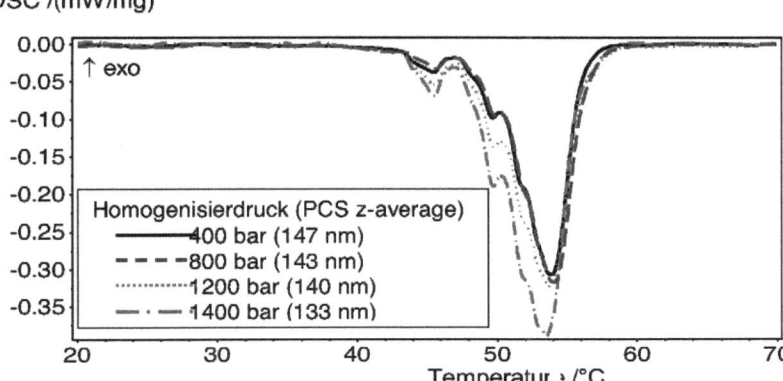

Abbildung 4.17.: Thermogramme von Suspension, stabilisiert mit Tween 80, in Abhängigkeit von der mittleren Partikelgröße während des Aufheizens

Daher werden die Schmelztemperaturen der einzelnen Fraktionen des zweiten Aufheizens in der Abbildung 4.18 ausgewertet.

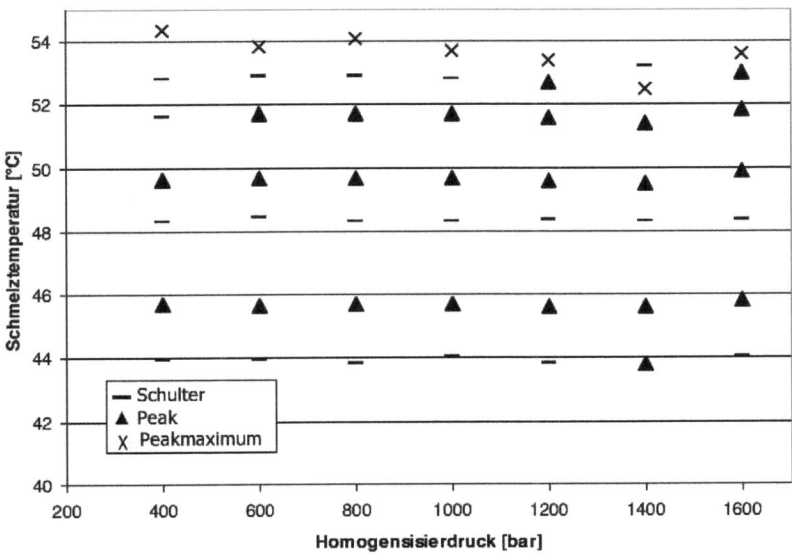

Abbildung 4.18.: Auswertung der DSC Thermogramme (Schmelztemperaturen) von Suspensionen, stabilisiert mit Tween 80

4 Ergebnisse und Diskussion

Es wird deutlich, dass das Schmelzen der einzelnen Fraktionen - unabhängig von der mittleren Partikelgröße - bei den gleichen Temperaturen erfolgt. Die Ursache der *Peaks* ist keine Folge polymorpher Fest/fest-Umwandlungen, sondern das Ergebnis des Feindispergierens. Das Schmelzen erfolgt direkt aus der ß-Modifikation, wie die Röntgendiffraktogramme in Abbildung 4.19 beweisen. Sie enstammen Messungen an Formulierungen, die wie alle in diesem Abschnitt untersuchten Proben, bei 800 bar homogenisiert wurden. Der PCS *z-average* Durchmesser und der Polydispersitätsindex liegen für die Emulsionen (Raumtemperatur) bei 142 nm / 0,15 und für die Suspensionen(4-8°C) bei 163 nm / 0,21.

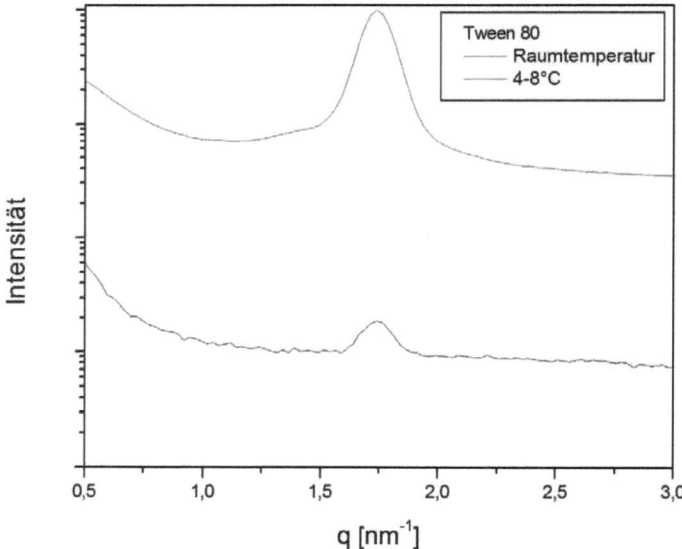

Abbildung 4.19.: SAXS Diffraktogramme von Trimyristin Emulsionen und Suspensionen, stabilisiert mit Tween 80

Das Diffraktogramm der Suspension besitzt bei $q = 1,7379$ nm^{-1} ein Maximum. Das entspricht nach Umrechnung mit Gl. (3.1) einer Länge von $l = 3,615$ nm. Diese Länge l ist die Länge zwischen zwei Kristallschichten, der so genannten *Long-Spacings* oder *Repeating Distances*. Sie entspricht den in der Literatur (vgl. Tabelle 3-3) für die ß-Modifikation des Trimyristins angegebenen Werten. Die Ergebnisse bedeuten also, dass Tween 80 als Emulgator keinen Einfluss auf die Kristallisation des Trimyristin besitzt.

4.2 Dispersionen

Die Emulsion besitzt einen *Peak* bei q = 1,7804 nm^{-1}, was einer Kristallschichtdicke von l = 3,529 nm entspricht. Dieser Wert ist nicht mehr im Bereich der ß-Modifikation. Die geringe Intensität der Emulsionsprobe erschwert allerdings eine Auswertung. In der Emulsion ist die Intensität des *Peaks* - im Vergleich zur Suspension - deutlich geringer (logarithmische Achsenskalierung). Daraus lässt sich schließen, dass ein geringer Anteil des Trimyristins auch in der Emulsion kristallisiert als Feststoff vorliegt. Eine mögliche Erklärung wäre, dass in der Emulsion in einigen wenigen Tropfen eine heterogene Kristallisation stattfinden kann, zum Beispiel aufgrund von Verunreinigungen, die als Kristallkeim dienen.

Thermogramme von Dispersionen, die mit Lutensol TO20 stabilisiert sind entsprechen qualitativ denen, die mit Tween 80 stabilisiert sind (Anhang A3 – Abbildung A3-1). Mit kleiner werdendem PCS *z-average* Durchmesser vergrößern sich die *Peak*höhen und damit die erhaltenen Enthalpien. Nebenmaxima bei Kühlläufen treten nicht auf. Die Kristallisation erfolgt also aufgrund einer homogenen Kristallkeimbildung. Die *Peak*temperaturen der Kristallisation liegen zwischen 8,4 und 8,8 °C. Die *Onset*-Temperaturen sind bei allen vermessenen Dispersionen zwischen 10,3 und 10,6 °C. Die Kristallisationsenthalpien nehmen mit kleiner werdendem Durchmesser von 14 auf 31 J/g zu. Da das Schmelzen - wie bei dem zuvor untersuchten Stoffsystem - in mehreren diskreten thermischen Ereignissen stattfindet, ist die Auswertung der Extrema der Kurven aus den Thermogrammen in Abbildung 4.20 dargestellt.

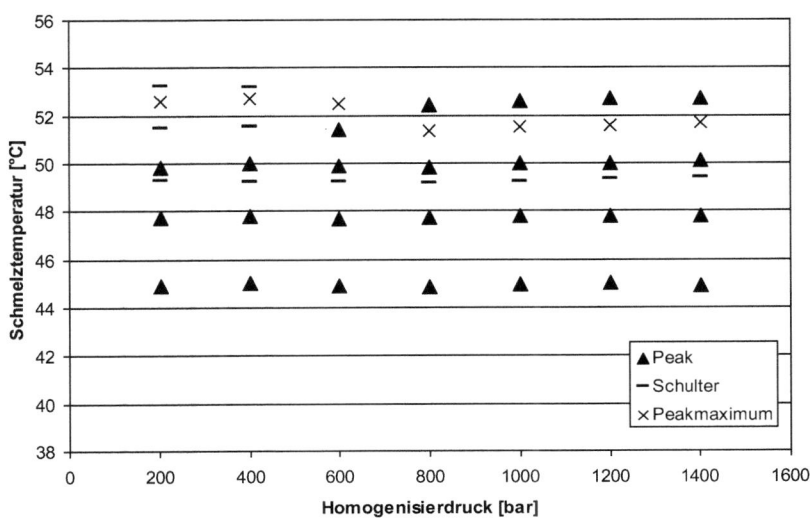

Abbildung 4.20.: Auswertung der DSC Thermogramme (Schmelztemperaturen) von Suspensionen, stabilisiert mit Lutensol TO20

4 Ergebnisse und Diskussion

Wie bei den mit Tween 80 stabilisierten Formulierungen, liegen die Schultern und *Peak*s unbhängig von der mittleren Partikelgröße bei den gleichen Temperaturen. Die *Peak*maxima sind fast ausnahmslos die vorletzten thermischen Ereignisse. Dispersionen, die mit 200 und 400 bar homogenisiert wurden und die größten PCS *z-average* Durchmesser besitzen, zeigen im Gegensatz zu den anderen Dispersionen in ihren Thermogrammen Schultern oberhalb von 53 °C. Das weist darauf hin, dass mit einer Verlängerung der Aufenthaltszeit der Dispersionen in der Homogenisierdüse und damit einer höheren volumenbezogenen Energiedichte der Anteil an großen Partikeln abnimmt.

Die Thermogramme und ihre Auswertung deuten darauf hin, dass das Trimyristin in der derselben ß-Feststoffmodifikation wie jenes vorliegt, das mit Tween 80 formuliert wurde. Die bei den lutensolhaltigen Systemen festgestellten ungewöhnlichen PCS *z-average* Durchmesser scheinen nicht aufgrund einer von der ß-Modifikation vorgegebenen abweichende Partikelform verursacht zu sein. Die Diffraktogramme von Lutensol stabilisierten Dispersionen zeigt die Abbildung 4.21.

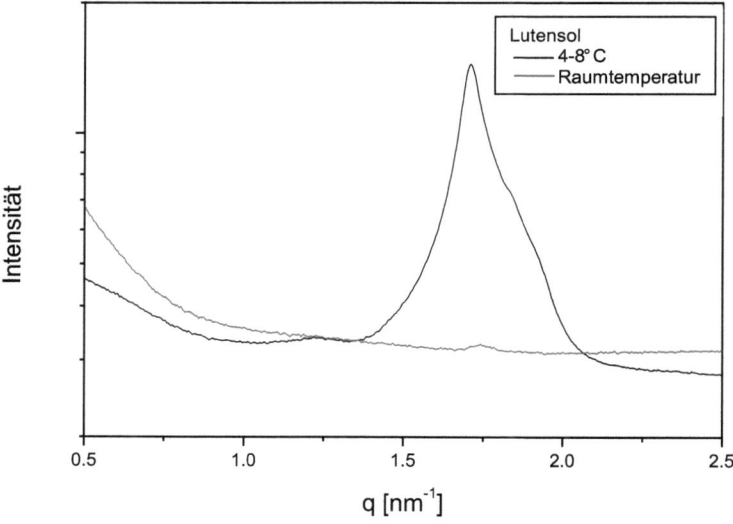

Abbildung 4.21.: SAXS Diffraktogramme von Trimyristin Emulsionen und Suspensionen, stabilisiert mit Lutensol TO20

Die PCS *z-average* Durchmesser und die Polydispersitätsindezes liegen für die Emulsionen bei 144 nm / 0.08, und für die Suspensionen bei 144 nm / 0,11. Der größte Peak der Suspensionen liegt bei q = 1,716 nm^{-1}, was einer Länge von 3,662 nm als Länge l entspricht. Der Wert ist im Vergleich zu den mit Tween 80 stabilisierten Suspensionen leicht erhöht, liegt aber immer noch in dem von Bunjes (1998) angegebenen Rahmen für die ß-Modifikation (vgl. Tabelle 3-3). Zusätzlich tritt bei q = 1,238 nm^{-1} (entsprechend 5,075 nm) ein kleinerer *Peak* und bei q = 1,917 nm^{-1} (entsprechend 3,278 nm) eine Schulter im Haupt*peak* auf. Das zeigt weitere kristalline oder anders strukturierte Phasen an, die durch den Emulgator und das Trimyristin gebildet werden. In dem Diffraktogramm der Emulsion tritt bei q = 1,739 nm^{-1} (entsprechend 3,613 nm), wie bei der Verwendung von Tween 80, ein *Peak* mit deutlich geringerer Intensität auf.

Das Abkühlen von Dispersionen, die mit 4 % SDS stabilisiert wurden (Abbildung 4.22), führt zu Thermogrammen, in denen bis zu fünf exotherme Ereignisse zwischen 23 und 12 °C auftreten.

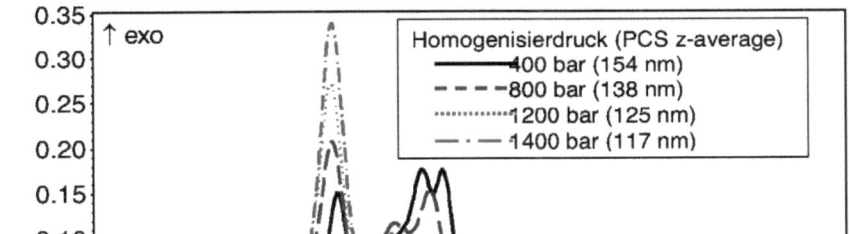

Abbildung 4.22.: Thermogramme von Trimyristin Dispersionen, stabilisiert mit SDS, in Abhängigkeit der mittleren Partikelgröße, aufgenommen während des Abkühlens mit 5 °C/min

Während bei den *Peaks* im oberen Temperaturbereich kein deutlicher Einfluss der Partikelgröße festzustellen ist, nimmt die *Peak*höhe bei 13 °C mit kleiner werdenden Partikeln zu. Es treten keine *Peaks* bei Temperaturen auf, bei denen eine heterogen oder homogen induzierte Kristallisation des Trimyristins - wie bei den beiden zuvor untersuchten Systemen - stattfindet. Mit der DSC ist es nicht möglich zu ermitteln, wodurch das thermische Ereignis bewirkt wird. Für den vorliegenden Fall kommt die Bildung einer festen Phase zwischen Trimyristin-

und Emulgatormolekülen in Frage. Als Konsequenz für die Interpretation der Ergebnisse der PCS z-average Messungen muss davon ausgegangen werden, dass die Dispersionen, die nach der Herstellung bei Raumtemperatur gelagert wurden, nicht aus flüssigen und damit kugelförmigen Tropfen bestehen, sondern die Triglyceridmoleküle in geordneten Strukturen angeordnet sind. Das wird auch durch die Thermogramme während des Heizens belegt. Im Gegensatz zu den Thermogrammen von Dispersionen, die mit nicht-ionischen Emulgatoren stabilisiert wurden, treten in Thermogrammen der mit SDS stabilisierten Systeme endotherme Ereignisse auf, auch wenn die Dispersionen zuvor bei Raumtemperatur gelagert wurden (Abbildung 4.23).

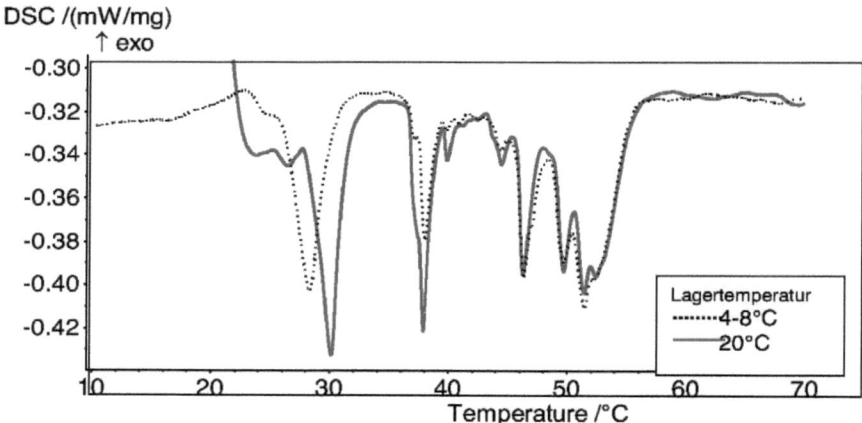

Abbildung 4.23.: Einfluss der Temperatur nach der Herstellung auf die Thermogramme von SDS stabilisierten Dispersionen

Unabhängig von der Lagertemperatur treten zwischen 25 und 56 °C mehr als zehn endotherme Ereignisse auf. Thermogramme, die den Einfluss der Partikelgröße zeigen, befinden sich im Anhang A3 – Abbildung A3-2. Eine Auswertung der Temperaturen der einzelnen Schultern und Peaks wie bei den zuvor untersuchten Dispersionen, die mit Tween 80 oder Lutensol TO20 stabilisiert wurden, ist nicht möglich, da nicht davon auszugehen ist, dass sie das Schmelzen von Trimyristin abbilden. Die Diffraktogramme von SDS stabilisierten Dispersionen zeigt die Abbildung 4.26. Die PCS z-average Durchmesser und Polydispersitätsindezes für Dispersionen, die bei 20 °C gelagert wurden, liegen bei 141 nm / 0,08, und für solche, die zwischen 4 und 8 °C gelagert wurden, bei 138 nm / 0,12.

4.2 Dispersionen

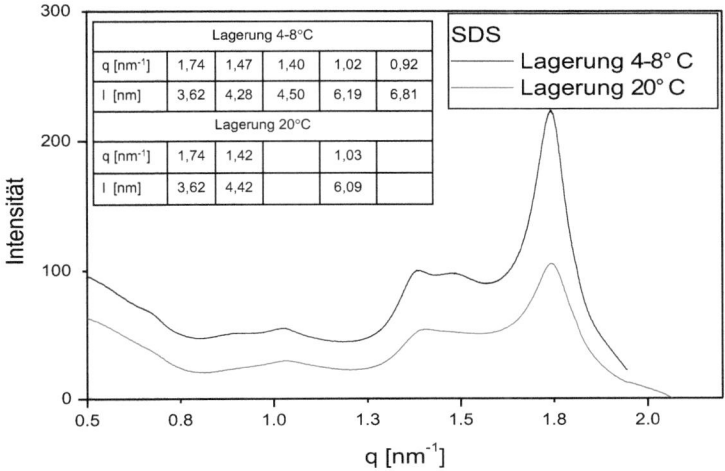

Abbildung 4.24.: SAXS Diffraktogramme mit Werten von Trimyristin Dispersionen bei verschiedenen Lagertemperaturen, stabilisiert mit SDS

Die Diffraktogramme der gekühlten und der bei Raumtemperatur gelagerten Proben zeigen qualitativ gleiche Verläufe. Der Hauptpeak der gekühlten Dispersion bei $q = 1{,}738$ nm^{-1} entspricht einer Länge von 3,615 nm. Das bedeutet, dass sich zumindest ein Teil des Trimyristins in der ß-Modifikation befindet. Der Peak bei $q = 1{,}468$ nm^{-1} ($l = 4{,}280$ nm), zeigt, dass die α-Modifikation ebenfalls auftritt. Bei den bei Raumtemperatur gelagerten Dispersionen tritt ein schwacher Peak bei einer entsprechenden Länge von $l = 4{,}422$ nm auf, was etwas über den angegebenen Literaturwerten für die α-Modifikation liegt (vgl. Tabelle 3-3). Die weiteren auftretenden Peaks lassen sich keiner der bekannten Feststoffmodifikationen des Trimyristins zuordnen. Das Triglycerid und SDS bilden eigene kristalline oder anders geordnete Phasen. Die genauere Charakterisierung dieser Phasen geht über die vorliegende Arbeit hinaus.

Thermogramme von Dispersionen, die mit einer Mischung aus Tween 80 (ca. 3 % [m/m]) und Span 80 (ca. 1 % [m/m]) stabilisiert wurden (Anhang A3 – Abbildung A3-3), entsprechen weitestgehend denen, bei denen Tween 80 oder Lutensol TO20 verwendet wurde. Die Temperaturen und Enthalpien der einzelnen Phasenwechsel liegen in derselben Größenordnung. Bei ca. 30 °C, der Temperatur bei der die Kristallisation aufgrund heterogener Keimbildung erfolgt, tritt kein *Peak* auf. Mit kleiner werdendem PCS *z-average* Durchmesser vergrößern sich die *Peak*höhen, demzufolge steigen die Kristallisationsenthalpien von 15 J/g bei 200 bar auf

4 Ergebnisse und Diskussion

30 J/g bei 1400 bar an. Das ist beachtenswert, da die mittleren Partikelgrößen aufgrund des Überemulgierens oberhalb von 1000 bar wieder ansteigen. Die Anzahl der Düsendurchgänge, die bei höherem Druck deutlich öfter erfolgen, scheint einen großen Einfluss auf die gemessene Kristallisationsenthalpie und damit auf den Anteil an Tropfen, die aufgrund einer homogenen Keimbildung kristallisieren, zu haben. Die Auswertung der DSC Thermogramme während des Heizens entspricht ebenfalls denen der mit Tween 80 oder Lutensol TO20 stabilisierten Systeme und befindet sich im Anhang A3 – Abbildung A3-4. Die Ergebnisse der Messungen der Suspensionen (4-8°C) zeigen an, dass das Trimyristin in derselben ß-Feststoffmodifikation wie jenes, das mit Tween 80 formuliert wurde, vorliegt. Span 80, das zu fast 10 % [m/m] in der dispersen Phase gelöst ist, besitzt also keinen signifikanten Einfluss auf die Kristallisation und das Schmelzverhalten.

Im Anhang A4 – Abbildung A4-1 sind Diffraktogramme von Suspensionen (4-8°C), die Span 80 in der dispersen Phase und Tween 80 in der kontinuierlichen Phase enthalten, dargestellt. Die Diffraktogramme der mit Span 80 und Tween 80 stabilisierten Suspensionen (4-8°C) verlaufen wie die der ausschließlich mit Tween 80 stabilisierten Dispersionen. Span 80 beeinflusst die Kristallisation des Trimyristins nicht. Es bildet sich die ß-Modifikation.

Die aus Kühlläufen erhaltenen Thermogramme von Dispersionen, die mit einer Mischung aus SDS (ca. 3,4 [m/m]) und Span 80 (ca. 0,6 % [m/m]) stabilisiert wurden, zeigt in Abbildung 4.25.

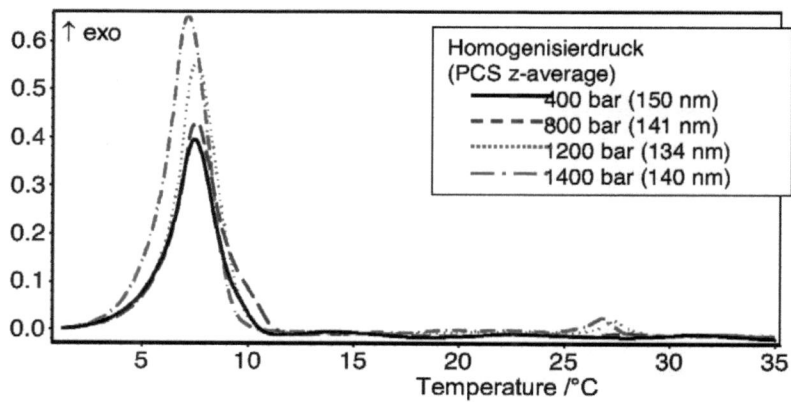

Abbildung 4.25.: Thermogramme von Trimyristin Dispersionen, stabilisiert mit SDS und Span 80, in Abhängigkeit von der mittleren Partikelgröße, aufgenommen während des Kühlens mit 5 °C/min

4.2 Dispersionen

In den Thermogrammen treten neben den Hauptpeaks zwischen 7,5 und 7,7 °C bei den Dispersionen mit kleinen PCS *z-average* Durchmessern Neben*peaks* zwischen 27 und 28 °C auf. Die Temperaturen sind also im Vergleich zu den Dispersionen, die mit nicht-ionischen Emulgatoren stabilisiert wurden, um ca. 1 °C verringert (vgl. Abbildung 4.16 u. Abbildung A3-1). Das Gleiche gilt für die Nebenmaxima, deren Temperaturen im Vergleich zur Kristallisation aufgrund von hetererogener Keimbildung (vgl. Tabelle 4.1) um ca. 2 °C gesenkt sind. Wie bei den zuvor untersuchten Stoffsystemen, nehmen die Kristallisationenthalpien mit kleiner werdenden mittleren Durchmessern bzw. höheren Homogenisierdrücken und längeren Verweilzeiten von 14 auf 21 J/g zu.

Die Thermogramme, die während des Heizens aufgenommen wurden, zeigt die Abbildung 4.26.

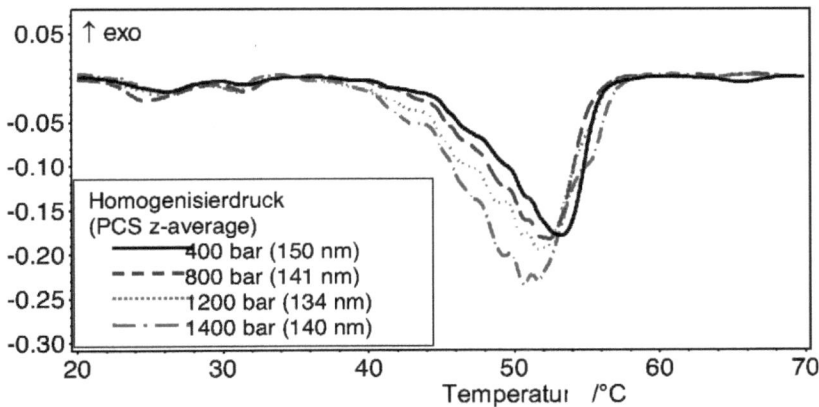

Abbildung 4.26.: Thermogramme von Trimyristin Dispersionen, stabilisiert mit SDS und Span 80, in Abhängigkeit von der mittleren Partikelgröße, aufgenommen während des Heizens mit 5 °C/min

Unterhalb von 30 °C treten bei allen untersuchten Dispersionen kleine Nebenmaxima auf. Die Temperaturen der *Peak*maxima liegen zwischen 50,7 und 54,1 °C, und damit im gleichen Bereich wie bei den zuvor untersuchten Systemen, die mit Tween 80 oder Lutensol TO20 stabilisiert wurden. Die Thermogramme entsprechen trotz relativ hohem SDS Gehalt von 3,4 % eher denen der Dispersionen, die mit nicht-ionischen Emulgatoren stabilisiert wurden.

Diffraktogramme von Formulierungen, die Span 80 und SDS enthalten, sind im Anhang A4 – Abbildung A4-2 dargestellt. Bei $q = 1{,}082$ nm^{-1} ($l = 5{,}807$ nm) tritt ein weiterer kleiner *Peak* auf, der auch bei den ausschließlich mit SDS stabilisierten Dispersionen erscheint.

Die disperse Phase wurde mit der *Differential Scanning Calorimetry* (DSC) in Heiz- und Kühlläufen untersucht, um den Einfluss des Emulgators auf die Kristallisation zu ermitteln. Weiterhin wurde Röntgendiffraktometrie von Synchrotronstrahlen verwendet, um die vorliegenden Feststoffmodifikationen genauer zu charakterisieren. Bei Verwendung nicht-ionischer Emulgatoren kristallisiert das Trimyristin stets zwischen 8 und 10 °C, also bei der Temperatur, bei der die Kristallisation aufgrund einer homogenen Kristallkeimbildung erfolgt. Wenn in der dispersen Phase dieser Formulierungen Span 80 gelöst ist, hat das keinen Einfluß auf die Kristallisation. Der anionische Emulgator SDS dagegen bewirkt, dass in den Thermogrammen beim Abkühlen oberhalb von 10 °C mehrere exotherme *Peaks* auftreten und somit davon auszugehen ist, dass dieser Emulgator die Bildung von kristallinen Phasen induziert.

In allen Formulierungen kann die thermodynamisch stabile ß-Modifikation des Trimyristins nachgewiesen werden. Bei Verwendung von Tween 80 und Span 80 zeigen die Röntgendiffraktogramme, dass das Trimyristin ausschließlich in dieser Feststoffmodifikation vorliegt. Bei Lutensol TO20 ist im Haupt*peak* eine Schulter zu erkennen, was darauf hindeutet, dass noch eine weitere kristalline oder anders geordnete Phase gebildet wird. Die Diffraktogramme von Dispersionen, die mit dem anionischen Emulgator SDS stabilisiert sind, weisen auf zahlreiche geordnete Strukturen hin. Werden SDS und Span 80 benutzt, ergibt sich im Diffraktogramm ein kleines Nebenmaximum. Span 80 unterstützt also die Bildung der ß-Modifikation, auch wenn die kontinuierliche Phase einen hohen SDS Gehalt besitzt.

Das Schmelzen erfolgt bei allen untersuchten Stoffsystemen über einen weiten Temperaturbereich in einzelnen endothermen *Peaks* zwischen 40 und 54 °C. Dieses Phänomen ist eine Folge des Feindispergierens in kolloidalen bzw. nanopartikulären Größenordnungen. Zusammenfassend sind in Abbildung 4.27 die Auswertungen der Schmelz*peaks* von Dispersionen, die mit nicht-ionischen Emulagoren bei 800 bar homogenisiert wurden, im Vergleich zu Temperaturen, die mit Hilfe der Gibbs-Thomson Gleichung (Gl. 2.28) berechnet wurden, dargestellt. Die Schmelz*peaks* bzw. Schultern treten bei den drei Emulgatoren nicht bei den gleichen Temperaturen auf. Dafür sind die unterschiedlichen Grenzflächenspannungen γ_{sl} zwischen fester disperser und flüssiger kontinuierlicher Phase verantwortlich. Diese Grenzflächenspannungen sind in der vorliegenden Arbeit nicht untersucht worden. In der Gibbs-Thompson-Gleichung ergeben sich zwischen 44 und 54 °C acht Schmelz*peaks*. In den Dispersionen können maximal sieben thermische Ereignisse erfasst werden. Das Schmelzen der

4.2 Dispersionen

Partikelfraktion, die aus einer einzigen molekularen Schicht von Trimyristin besteht, erfolgt nach den Ergebnissen von Bunjes et al. (2000) zwischen 30 und 38 °C. Das Schmelzen dieser Fraktion kann in den vorliegenden Untersuchungen nicht detektiert werden. Der große Abstand zwischen dem ersten und dem zweiten *Peak* – wie ihn die Gibbs-Thomson-Gleichung vorhersagt und wie er von Bunjes et al. (2000) gemessen wurde – kann nicht reproduziert werden. Die Unterschiede zu den von Bunjes et al. (2000) gemessenen Thermogrammen (Abbildung 2.12) sind in den verwendeten unterschiedlichen DSC-Messgeräten und den mittleren Partikelgrößen begründet.

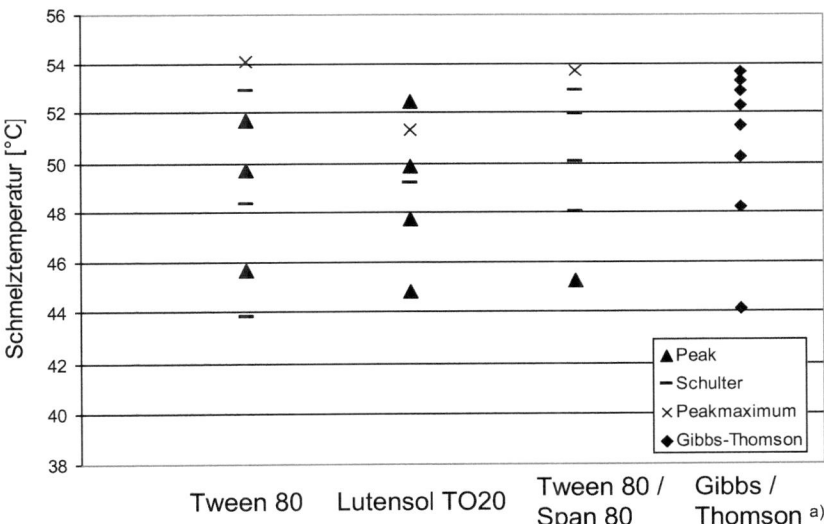

Abbildung 4.27.: Auswertung der DSC Thermogramme (Schmelztemperaturen) von Suspensionen, stabilisiert mit verschiedenen Emulgatoren, homogenisiert bei 800 bar, im Vergleich zu berechneten Werten nach der Gibbs-Thomson-Gleichung $\Delta T_m = T_o - T(h_p) = -4\gamma_{sl}v/l_P\Delta h_{sl}$ (Gl. 2.28), mit den Werten: γ_{sl} = 20 mN/m, T_o = 56,4 °C, l_P = 3,6 nm, v = 0,98 cm3/g, Δh_{sl} = 178 J/g

Während in der vorliegenden Arbeit mit einer Wärmestrom-DSC und Temperaturrampen von 5 °C/min gearbeitet wird, haben Bunjes et al. (2000) eine Mikro-DSC mit Temperaturrampen von 0,04 °C/min eingesetzt. Die deutlich erhöhte Empfindlichkeit der Micro-DSC ermöglicht es niedrigere Heizraten zu fahren. Das Schmelzen der einschichtigen Partikelfraktion konnte von Bunjes et al. (2000) darüber hinaus nur bei Formulierungen mit PCS z-average bei

4 Ergebnisse und Diskussion

Durchmessern von 66 nm deutlich detektiert werden. Es muss davon ausgegangen werden, dass die Grenzflächenspannungen γ_{sl} größer als die frei gewählten 20 mN/m sind und in den eigenen Messungen nur das Schmelzen der zweitkleinsten Partikelfraktion detektiert werden kann.

Die im vorangegangenen Abschnitt dargestellten Ergebnisse der thermischen Analyse und Kleinwinkel-Röntgendiffraktogramme (SAXS) zeigen, dass die mit nicht-ionischen Emulgatoren stabilisierten Dispersionen, bei Raumtemperatur (20 °C) als Emulsionen vorliegen. Die Thermogramme der anionisch stabilisierten Dispersionen dagegen besitzen exotherme Peaks oberhalb von 10 °C und zeigen damit die Bildung von kristallinen oder anders geordneten Phasen an. Die verwendeten Emulgatoren können die sich bei der Kristallisation der Emulsionströpfchen ergebende Modifikation beeinflussen. Wie in Abschnitt 2.2.4 beschrieben, hat die Feststoffmodifikation von Trimyristin einen Einfluss auf den gemessenen PCS *z-average* Durchmesser. In den Abschnitten 4.2.2 und 4.2.5 deuten die gemessenen PCS *z-average* Durchmesser für die Emulgatoren Tween 80, Tween 80/Span 80 und SDS/Span 80 darauf hin, dass plättchenförmige Partikel in der ß-Modifikation vorliegen. Hingegen verlangen die Ergebnisse für SDS und Lutensol TO20 nach weitergehenden Untersuchungen hinsichtlich der Eigenschaften der dispersen Phase. Die Partikelform muss mit bildgebenden Methoden ermittelt werden.

5 Zusammenfassung

Ziel der vorliegenden Arbeit war, Trimyristin kolloidal als feste Partikel zu formulieren und die entstehende disperse Phase zu charakterisieren. Forschungsschwerpunkt war dabei die prozesstechnische Beschreibung des Emulgierschrittes. Hierfür wurde das Lipid oberhalb seines Schmelzpunktes in einem Hochdruckhomogenisator emulgiert. Es wurde mit vier verschiedenen Emulgatoren, die sich hinsichtlich ihrer Löslichlichkeit und Stabilisierungsmechanismen unterschieden, gearbeitet. Zusätzlich wurde der Einfluss der Emulgatoren auf die Kristallisation und die langzeitstabile Form untersucht.

Als Emulgiermaschine wurde ein Laborhomogenisator (Avestin Emulsiflex C5) mit einer kleinen Düsengeometrie verwendet. Um die Ergebnisse mit anderen Arbeiten vergleichen zu können, in denen größere Düsen Verwendung fanden, wurde die minimal benötigte Anzahl an Düsendurchgängen in Vorversuchen ermittelt. Als Modelllipid diente das technische reine Trimyristin Dynasan 114. Nach der thermoanalytischen Charakterisierung des Modellipides wurden in Voruntersuchungen die dynamischen Viskositäten der Schmelzen temperaturabhängig ermittelt. Weiterhin wurden die Gleichgewichtsgrenzflächenspannungen der Stoffsysteme ebenfalls temperaturabhängig bestimmt.

Dispersionen, die mit Tween 80 stabilisiert wurden, dienten als Referenz für die übrigen untersuchten Stoffsysteme, da dieser Emulgator die Kristallisation des Trimyristins nicht beeinflusst. Tween 80 stabilisierte Emulsionen kristallisieren bei einer Lagerung bei Raumtemperatur nach dem Herstellen nicht, und es liegt ein Flüssig/flüssig-System mit kugelförmigen Tropfen vor. Wird die Dispersion bei 4-8 °C gelagert, kristallisiert das Triglycerid und wandelt sich schnell in die thermodynamisch stabile ß-Modifikation um. Das führt zur Bildung von plättchenförmigen Partikeln, die in PCS-Messungen größere Durchmesser als Tropfen aufweisen. Diese Hypothese wurde mit Gefrierbruch-Transmissionselektronen-mikroskopie-Aufnahmen verifiziert.

Die Prozessfunktion wurde ermittelt indem Emulsionen bei ansteigendem Druck homogenisiert und als mittlere Durchmesser der PCS *z-average* Durchmesser der Emulsionen und Suspensionen gemessen wurden. Der Zusammenhang zwischen mittlerer Partikelgröße und dem Homogenisierdruck, der dem volumenbezogenen Energieeintrag entspricht, ist die Prozessfunktion. Die Steigung der Prozessfunktion – ausgedrückt durch den Exponenten b - wurde ermittelt. Der Exponent b ist ein Maß für die Adsorptionskinetik der einzelnen Emulgatoren und wurde zur relativen Beschreibung der Adsorptionskinetik verwendet. Es zeigte sich, dass der Exponent b von Tween 80 über Lutensol TO20 zu SDS ansteigt. Wenn im Trimyristin

5. Zusammenfassung

Span 80 gelöst ist, hat das keine Auswirkungen auf die Adsorptionskinetik. Die deutlich niedrigeren Grenzflächenspannungen, die für diese Stoffsysteme im Gleichgewicht gemessen werden, führen nicht zu kleineren Partikelgrößen. Festzuhalten ist, dass öllösliche Emulgatoren keinen Beitrag zur Kurzzeitstabilität der Emulsionen leisten können. Für das Emulgierergebnis ist die Adsorptionskinetik der wasserlöslichen Emulgatoren von entscheidender Bedeutung.

Neben der Ermittlung der Prozessfunktion, wurden aus den Messungen des PCS *z-average* Durchmessers Rückschlüsse auf die Partikelform und die damit verbundene vorliegende Feststoffmodifikation gezogen. Bei Lutensol TO20 stabilisierten Formulierungen, führt eine Lagerung der Dispersionen bei 4-8 °C zu einer Verkleinerung des PCS *z-average* Durchmesser. Bei Verwendung von SDS, kann kein Einfluss der Lagertemperatur auf die Partikelgröße festgestellt werden, und bei beiden Dispersionen werden die Durchmesser als in etwa gleich groß gemessen. Span 80 beeinflusst die gemessenen PCS *z-average* Durchmesser bei den beiden Lagertemperaturen nicht.

Die disperse Phase wurde mit der *Differential Scanning Calorimetry* (DSC) in Heiz- und Kühlläufen untersucht, um den Einfluss des Emulgators und der Partikelgrößenverteilung auf die Kristallisation und das Schmelzen zu ermitteln. Das Schmelzen des kolloidal dispergierten Triglycerides erfolgt in mehreren diskreten thermischen Ereignissen, weil die Partikel in den Formulierungen Höhen besitzen, die immer Vielfache des lamellaren Abstandes des Triglyceridkristalles der ß-Modifikation sind. Die Partikelgrößenverteilung hat keinen Einfluss auf die Kristallisations- und Schmelztemperaturen, wohl aber auf die in den Formulierungen gemessenen Enthalpien der Phasenwechsel, da die Anteile der einzelnen Fraktionen mit unterschiedlichen Partikelhöhen variieren.

Weiterhin wurde die Röntgendiffraktometrie von Synchrotronstrahlen verwendet, um die vorliegenden Feststoffmodifikationen genauer zu charakterisieren. In allen Formulierungen kann die thermodynamisch stabile ß-Modifikation des Trimyristins nachgewiesen werden. Bei Verwendung von Tween 80 und Span 80 zeigen die Röntgendiffraktogramme, dass das Trimyristin ausschließlich in dieser Feststoffmodifikation vorliegt. Bei Lutensol TO20 tritt im Haupt*peak* eine Schulter auf, was darauf hindeutet, dass noch mindestens eine weitere kristalline Phase gebildet wird. Die Diffraktogramme von Dispersionen, die mit dem anionischen Emulgator SDS stabilisiert wurden, weisen auf zahlreiche kristalline Strukturen hin. Wurden SDS und Span 80 benutzt, ergibt sich im Diffraktogramm ein kleines Nebenmaximum. Span 80 unterstützt also die Bildung der ß-Modifikation, auch wenn die kontinuierliche Phase einen hohen SDS Gehalt besitzt.

Anhang

A1 Homogenisierzeit

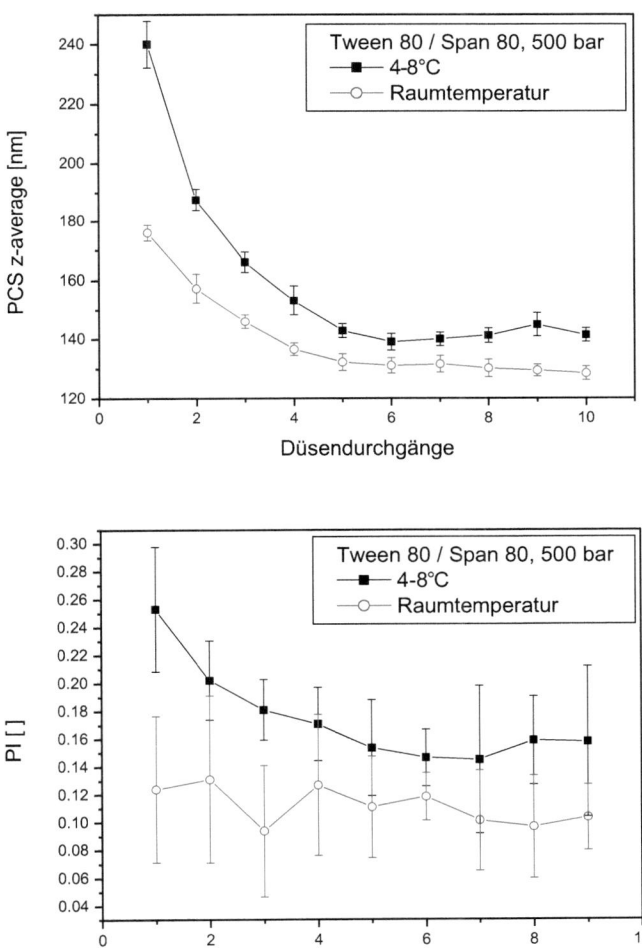

Abbildung A1-1: Mittlerer Partikeldurchmesser (oben) und Polydispersitätsindex (unten), in Abhängigkeit der Durchgänge, bei Verwendung von Tween 80 und Span 80

Anhang

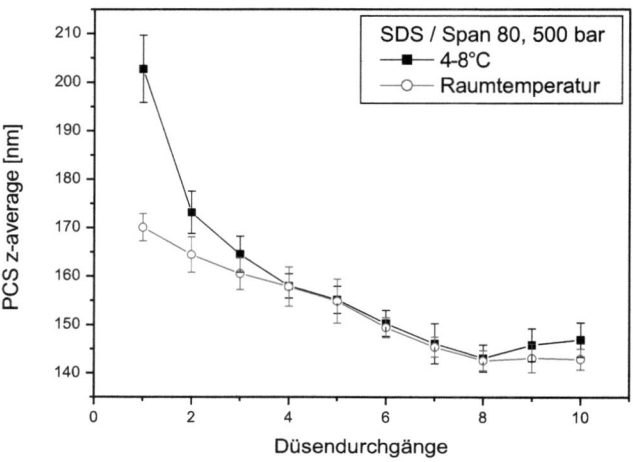

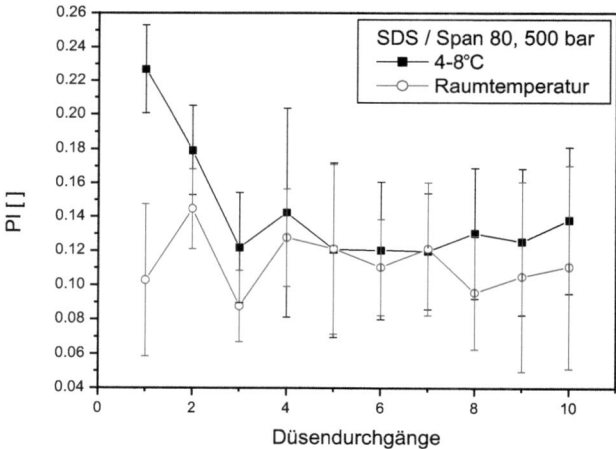

Abbildung A1-2: Mittlerer Partikeldurchmesser (oben) und Polydispersitätsindex (unten), in Abhängigkeit der Durchgänge, bei Verwendung SDS und Span 80

A2 Energieeintrag

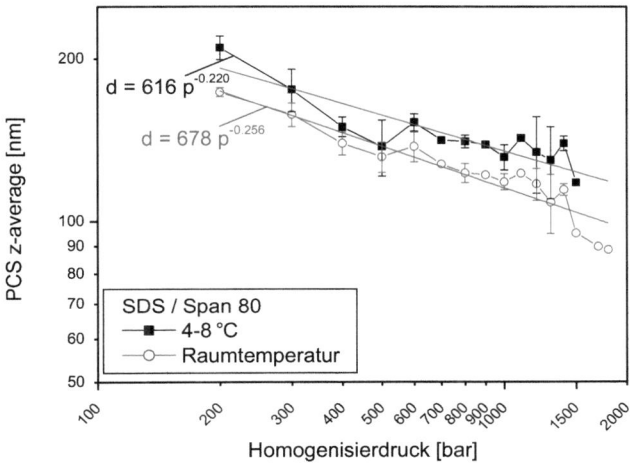

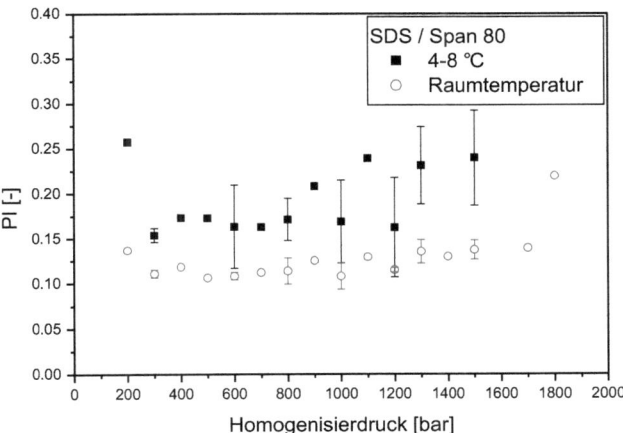

Abbildung A2-1: Mittlerer Partikeldurchmesser (oben) und Polydispersitätsindex (unten), in Abhängigkeit vom Homogenisierdruck, stabilisiert mit SDS und Span 80

A3 Thermische Analyse

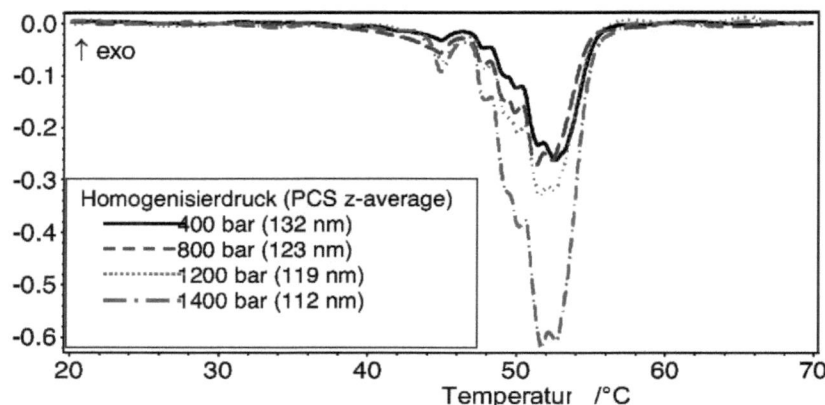

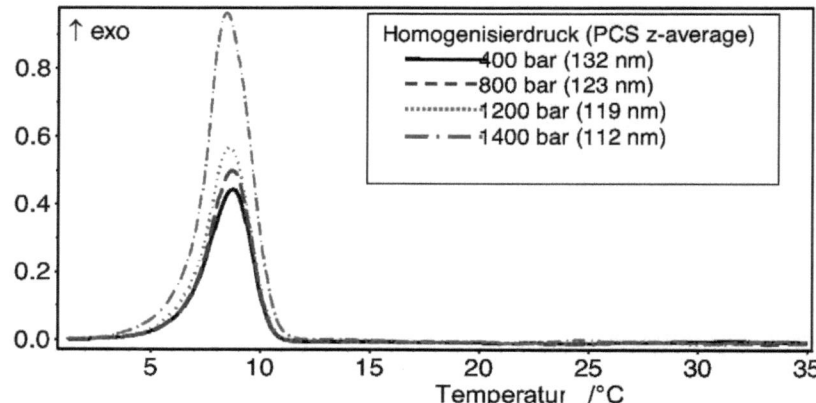

Abbildung A3-1: Thermogramme von Trimyristin Suspension, stabilisiert mit Lutensol in Abhängigkeit der mittleren Partikelgröße, aufgenommen während des Aufheizens (oben) und Abkühlens (unten) mit 5 °C/min

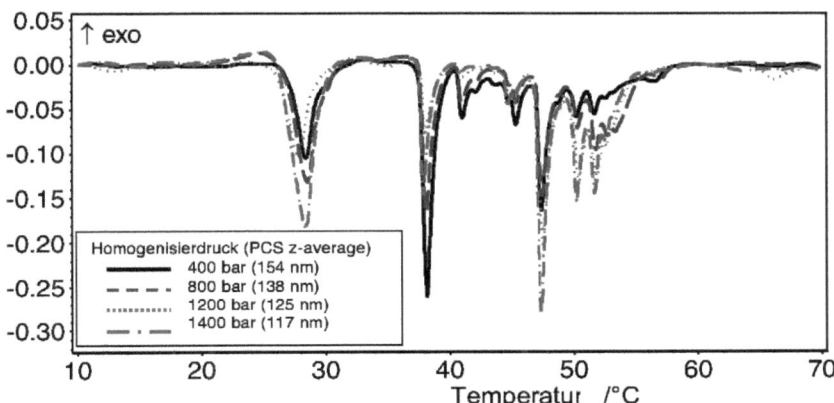

Abbildung A3-2.: Thermogramme von Trimyristin Suspension, stabilisiert mit SDS in Abhängigkeit der mittleren Partikelgröße, aufgenommen während des Heizens mit 5 °C/min

Anhang

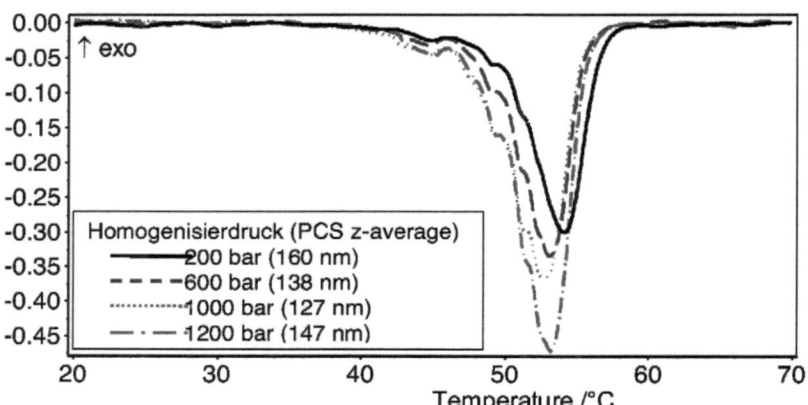

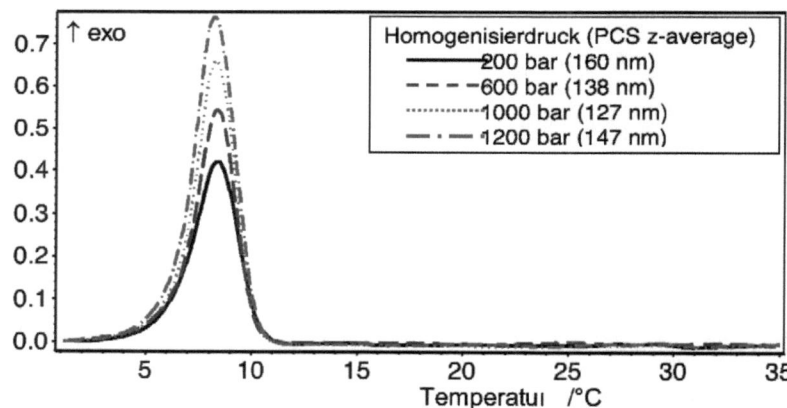

Abbildung A3-3.: Thermogramme von Trimyristin Suspension, stabilisiert mit Tween 80 und Span 80, in Abhängigkeit der mittleren Partikelgröße, aufgenommen während des Aufheizens (oben) und Abkühlens (unten) mit 5 °C/min

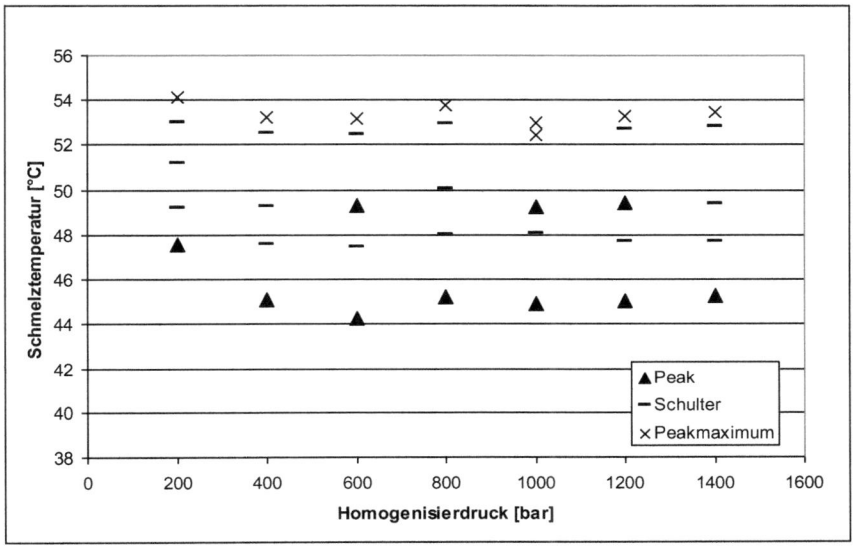

Abbildung A3-4.: Auswertung der DSC Thermogramme (Schmelztemperaturen) von Suspensionen, stabilisiert mit Tween 80 und Span 80

A4 Röntgendiffraktometrie

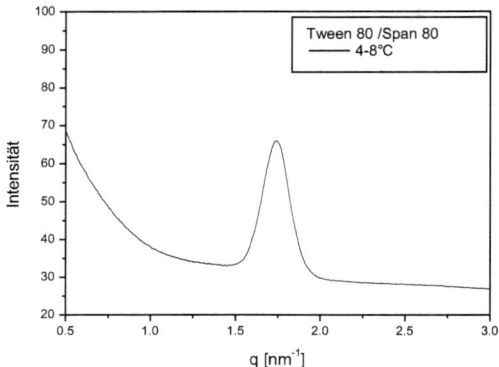

Abbildung A4-1: Kleinwinkelreflex Diffraktogramme von Trimyristin Suspensionen, stabilisiert mit Tween 80 und Span 80

q=1,736 nm^{-1} entsprechend l=3,630 nm

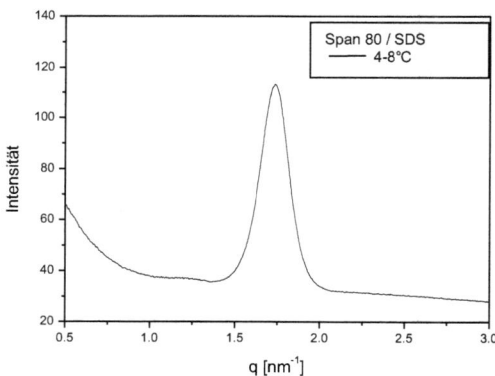

Abbildung A4-2: Kleinwinkelreflex Diffraktogramme von Trimyristin Suspensionen, stabilisiert mit ca. SDS und Span 80

q = 1,731 nm^{-1} entsprechend l = 3,63 nm,
bzw q = 1,082 nm^{-1} entsprechend l = 5,81 nm

A5 Veröffentlichungen und Konferenzbeiträge

A5.1 Veröffentlichungen

Gramdorf, S; Hermann, S.; Hentschel, A.; Schrader, K.; Müller, R.H.; Kumpugdee-Vollrath, M.; Kraume, M.: Crystallization in Miniemulsions – influence of operating parameters during high pressure homogenization on size and shape of particles, Colloids and Surfaces A: Physicochemical and Engineering aspects 331:S. 108-113, 2008.

Hentschel, A.; Gramdorf, S.; Müller, R.H.; Kurz, T.: ß-Carotene Loaded Nanostructured Lipid Carriers, Journal of Food Science N: Nanoscale Food Science, Engineering and Technology Journal of Food Science 2008, 73(2): N1-N6, 2008.

A5.2 Konferenzbeiträge

Tong, L., Bilek, H., Roth, S. V., Perlich, J., Gramdorf, S., Kumpugdee-Vollrath, M.: Determination of different drug delivery systems by GISAXS from a synchrotron source. 7th World Meeting on Pharmaceutics, Biopharmaceutics and Pharmaceutical Technology, Malta, 8.- 11. 03. 2010

Gramdorf, S.; Hermann, S.; Kumpugdee-Vollrath, M.; Kraume, M.:Einfluss der Partikelgröße auf Schmelz- und Kristallisationsverhalten von Miniemulsionen. Chemie Ingenieur Technik 81(8):S. 1168-1169, 2009.

Gramdorf, S.; Root, N.; Kraume, M.; Kumpugdee-Vollrath, M.: Einfluss der Partikelgröße auf das Schmelz- und Kristallisationsverhalten von Miniemulsionen, Tag der Chemie, , Golm, 4. Juni 2009.

Gramdorf, S.; Schrader, K.; Hermann, S.; Kraume, M.: Einsatz der Emulgiertechnik zur Erzeugung fester Lipidnanopartikel. Chemie Ingenieur Technik, 80 (9):S. 1405, 2008.

Gramdorf, S.; Hermann, S. M. Kraume: Einsatz der Emulgiertechnik zur Erzeugung fester Lipidnanopartikel; Vortrag; ProcessNet FA Mischvorgänge, Eisenach, 30.03.-01.04.2008

Gramdorf, S., Hentschel, A., Hermann, S., Schrader, K., Kumpugdee-Vollrath, M.: Investigations on Crystallization in Miniemulsions, 6th World Meeting on Pharmaceutics, Biopharmaceutics and Pharmaceutical Technology, CCIB, Barcelona, Spanien, 7.-10. 04. 2008

Anhang

Gramdorf, S., Kurz, T., Müller, R. H.: Nanostructured lipid carriers (NLC) as industrially feasible carrier for food ingredients, FormulaV – 5th conference on Formulating Technology, Potsdam, 19.-22. Nov. 2007

Hentschel, A.; Gramdorf, S.; Kurz, T Funktionalisierte SLN bzw. NLC als Dispersionskolloide zum Einsatz in Getränken. Chemie Ingenieur Technik, 79(9):S. 1449, 2007.

Gramdorf, S.; Hentschel, A.; Kurz, T.: Herstellen von Dispersionskolloiden durch Schmelzeemulgieren von Lipiden, Chemie Ingenieur Technik, 79(9):S. 1407, 2007.

Gramdorf, S.; Kurz, T.: Solid Lipid Nanoparticles (SLN)-Formulierungen als funktionalisierte schmelzemulgierte Dispersionskolloide; ProcessNet FA-Sitzung „Lebensmittelverfahrenstechnik", Zürich, Schweiz, , 15.-16. 03. 2007

Hentschel, A., Gramdorf, S., Müller, R. H., Kurz, T.: Nanostructured lipid carriers for food applications, 13th IPTS-International Technologists Symposium, Antalya, Türkei, 10.-13. 09. 2006

A6 Studien- und Abschlussarbeiten

Chronologische Aufstellung der im Rahmen dieser Forschungsarbeit betreuten Studien- und Abschlussarbeiten am FG Lebensmittelverfahrenstechnik, FG Verfahrenstechik der TU Berlin und Dem FG Pharmazeutische Technologie BHT Berlin

Irene Busse: Solid Lipid Nanoparticles als kolloidales Trägersystem für ß-Carotindispersionen in Lebensmittelsystemen, Diplomarbeit, im Juni 2007

Dieter „Dima" Oberdörfer: Kolloidale Stabilität von schmelzemulgierten festen Dispersionskolloiden, Studienarbeit, im Juni 2007

Anja Kastell: Vergleichende Untersuchungen zur verfahrenstechnischen Beschreibung des Schmelzemulgierens durch Hochdruckhomogenisation, Studienarbeit, im August 2007

Andrini Inggarwati: Ermittlung von Stoffwerten für die verfahrenstechnische Beschreibung des Schmelzemulgierens, Studienarbeit, im Oktober 2007

Stephanie Hermann: Untersuchungen zur verfahrenstechnischen Beschreibung der Herstellung von Nanopartikeln durch Hochdruckhomogenisation, Diplomarbeit, im November 2007

Nathalia Roth: Einfluss der Partikelgröße auf das Schmelz- und Kristallisationsverhalten von Solid Lipid Nanoparticles, Bachelorarbeit, im März 2009

Jan-Tobias Grether: Untersuchungen zur Abhängigkeit der Partikelgröße von verfahrenstechnischen Einflussgrößen bei der Herstellung von kolloidalen Triacylglycerid/Wasser - Systemen mittels Schmelzeemulgieren, Studienarbeit, im März 2009

Literaturverzeichnis

- Arai, K., Konno, M., Matunaga, Y., Saito, and S.: Effect of dispersed-phase viscosity on the maximum stable drop size for break-up in turbulent flow. J. Chem. Eng. Jpn., Vol. 10 (4):S. 325-330, 1977.
- Armbruster, H.: Untersuchungen zum kontinuierlichen Emulgierprozess in Kolloidmühlen unter Berücksichtigung spezifischer Emulgatoreigenschaften und der Strömungsverhältnisse im Dispergierspalt. Dissertation, Universität Karlsruhe, 1990.
- Asmussen, C.: Chemische Charakterisierung von Alkylethoxylaten. Dissertation TU Berlin, 2000.
- Ax, A.: Emulsionen und Liposomen als Trägersysteme für Carotinoide. Dissertation, Universität Karlsruhe, 2004.
- Bancroft, W. D.: The theory of colloid chemistry. J. Phys. Chem. Vol. 18:S. 548-558. 1914.
- Bauer, U., Schweers, E.: Höchstleistungen im Nanometerbereich. Beitrag zur Achema 2003 der Siemens Axavia GmbH in Process 5, 2003.
- Bechtel, S., Gilbert, N.; Wagner, H.-G.: Grundlagenuntersuchungen zur Herstellung von Ö in Wasser-Emulsionen im Ultraschallfeld. Chem. Ing. Tech. Vol. 71(8):S. 810-817, 1999.
- Belitz, H.-D., Grosch, W., Schieberle, P.: *Lehrbuch der Lebensmittelchemie*. Springer Verlag, Berlin, 5. Auflage, 2001.
- Bikermann, J.J.: *Surface Chemistry*. New York: Academic Press Inc., 2. Auflage, 1958.
- de Boer, G. B. J., de Weerd, C., Thoenes, D., Goossens, H. W. J.: Laser diffraction spectrometry: Fraunhofer diffraction versus Mie scattering. Part. Part. Syst. Char. Vol. 4(1):S. 14-19, 1987.
- Brezesinski, G., Mögel, H.-J.: Grenzflächen und Kolloide. Heidelberg, Berlin, Oxford: Spektrum Akademischer Verlag, 1993.
- Bunjes, H.: Einflussnahme unterschiedlicher Faktoren auf Struktur und Eigenschaften von Nanopartikeln aus festen Triglyceriden. Dissertation Universität Jena. 1998.
- Bunjes, H., Koch, M. H. J., Westesen, K.: Effect of particle size on colloidal solid triglycerides. Langmuir Vol. 16(12):S. 5234-5241, 2000.

- Bunjes, H., Koch, M. H. J., Westesen, K.: Effects of surfactants on the crystallization and polymorphism of lipid nanoparticles. Progr. Colloid Polym. Sci. Vol. 121:S. 7-10, 2002.
- Bunjes, H., Siekmann, B.: Manufacture, characterization, and applications of solid lipid nanoparticles as drug delivery systems. Drugs and the Pharmaceutical - Microencapsulation. Vol. 158:S., 213-268. 2006
- Bunjes, H., Westesen, K., Koch, M. H. J.: Crystallization tendency and polymorphic transitions in triglyceride nanoparticles. Int. J. Pharm. Vol. 129: 159-173, 1996.
- Bunjes, H., Unruh T.: Characterization of lipid nanoparticles by differential scanning calorimetry, X-ray and neutron scattering. Adv. Drug Delivery Rev. Vol. 59: S. 379–402, 2007.
- Bunjes, H., Westesen, K.: Influences of Colloidal State on Physical Properties of Solid Fats. Garti, Nissim. Sato, Kiyotaka: Crystallization Processes in Fats and Lipid Systems. Marcel Dekker, Inc., New York, S. 457-484, 2001.
- Bunjes, H., Steiniger, F., Richter, W.: Visualizing the structure of Triglyceride Nanoparticles in Different Crystal Modification. Langmuir Vol. 23(7): S. 4005-4011, 2007.
- Cavalli, R., Caputo, O., Gasco, M.R.: Preparation and characterization of solid lipid nanospheres containing paclitaxel. Eur. J. Pharm. Sci. Vol. 10:S. 305–309, 2000.
- Dörfler, H.-D.: Grenzflächen und kolloid-disperse Systeme. Springer, Berlin, 2002.
- Feynman, R.: There's plenty of room at the bottom. Vortrag American Physical Society. Caltech 29. Dezember 1959.
- Frederiksen, H. K., Kristensen, H. G., Pedersen, M.: Solid lipid microparticle formulations of the pyrethroid gamma-cyhalothrin-incompatibility of the lipid and the pyrethroid and biological properties of the formulations. J. Controlled Release Vol. 86(2-3):S. 243-252. 2003.
- Freitas, C. Müller, R.H.: Effect of light and temperature on zeta potential and physical stability in solid lipid nanoparticles (SLN^{TM}) dispersions. Int. J. Pharm. Vol. 168(2): S. 221-229, 1998.
- Garti, N.; Sato, K.: Crystallization processes in fats and lipid systems. M. Dekker, New York, 2001.
- Garti, N.; Sato, K.: Crystallization and polymorphism of fats and fatty acids. M. Dekker, New York, 1988.

- Gramdorf, S; Hermann, S.; Hentschel, A; Schrader, K.; Müller, R.H.; Kumpugdee-Vollrathe, M.; Kraume, M.: Crystallized miniemulsions: influence of operating parameters during high pressure homogenization on size and shape of particles. Colloids Surf., A. Vol. 331:S. 108–113, 2008.
- Hagemann, J. W.: Thermal behaviour and polymorphism of acylglycerides. Garti, N.; Sato, K.: Crystallization and polymorphism of fats and fatty acids. M. Dekker, New York, 1988
- Hagemann, J. W., Rothfus, J. A.: Polymorphism and transformation energetics of saturated monoacid triglycerides from differential scanning calorimetry and theoretical modelling. J. Am. Oil Chem. Soc. Vol. 60:S. 1123-1131, 1983.
- Helgason, T, Awad, T. S., Kristbergsson, K., McClements, D.J., Weiss, J. Influence of polymorphic transformations on gelation of tripalmitin solid lipid nanoparticles suspensions. J. Am. Oil Chem. Soc. Vol. 85:S. 501–511, 2008.
- Hemminger, W. F., Cammenga, H. K.: Methoden der Thermischen Analyse. Springer Verlag, Berlin, 1989.
- Hentschel, A.; Gramdorf, S.; Müller, R.H.; Kurz, T.: ß-Carotene Loaded Nanostructured Lipid Carriers, Journal of Food Science N: Nanoscale Food Science, Engineering and Technology Journal of Food Science 2008, 73(2): N1-N6, 2008.
- Hentschel, A.: Schmelzemulgierte ß-Carotin-Formulierungen für den Einsatz in Lebensmitteln Dissertation Technische Universität Berlin. 2009.
- Hernqvist, L.: On the structure of triglycerides in the liquid state and fat crystallization. Fette, Seifen, Anstrichmittel. Vol. 86(8):S. 297-300, 1984.
- Hernqvist, L: Crystal structures of fats and fatty acids. Garti, N.; Sato, K.: Crystallization and polymorphism of fats and fatty acids. M. Dekker, New York, 1988
- Höhne, G.W.; W. F. Hemminger, W.F., Flammerheimer, H.-J.: Differential Scanning Calorimetry: an introduction for practitioners. 2. Auflage. Springer-Verlag, Berlin, 2003.
- Horn, D., Rieger, J.: Organische Nanopartikel in wässriger Phase - Theorie, Experimente und Anwendungen. Angew. Chem. Vol. 113:S. 4460-449, 2001.
- ISO/TS 27687:2008: Nanotechnologies -- Terminology and definitions for nano-objects -- Nanoparticle, nanofibre and nanoplate. 2009.
- Jackson, C.L., McKenna, G.B.: The melting behaviour of organic materials confined in porous solids. J. Chem. Phys., Vol. 93(12):S. 9002-9011, 1990.

- Jenning, V., Thünemann, A. F., Gohla, S. H.: Characterisation of a novel solid lipid nanoparticles carrier system based on binary mixtures of liquid and solid lipids. Int. J. Pharm., Vol. 199:S. 167-177, 2000.
- Karbstein, H.: Untersuchungen zum Herstellen und Stabilisieren von Öl-in-Wasser Emulsionen. Dissertation, Univertsität Karlsruhe, 1994.
- Karbstein, H., Schubert, H.; Developments in the continuous production of oil-in-water macro emulsions. Chem. Eng. Proc. 34(3):S.205-211, 1995.
- Kempa, L., Schuchmann, H.P., Schubert, H.: Tropfenzerkleinerung und Tropfenkoaleszenz beim mechanischen Emulgieren mit Hochdruck-homogenisatoren. Chem. Ing. Tech., Vol. 78(6):S. 765-768. 2006.
- Kiefer, P.: Der Einfluss von Scherkräften auf die Tröpfchenzerkleinerung beim Homogenisieren von Öl-in-Wasser-Emulsionen. Dissertation, Universität Karlsruhe, 1977.
- Kiefer, P., Treiber, A.: Prall und Stoß als Zerkleinerungsmechanismen bei der Hochdruckhomogenisation von O/W-Emulsionen. Chem. Ing. Tech., Vol. 47(13):S. 573, 1975.
- Koglin, B., Paweloski, J., Schönring, H.,: Kontinuierliches Emulgieren mit Rotor/Stator-Maschinen: Einfluss der volumenbezogenen Dispergierleistung und der Verweilzeit auf die Emulsionsfeinheit. Chem. Ing. Tech., Vol. 53(8):S. 641-647, 1981.
- Kutschmann, E.-M.: Grenzflächen- und Phasenverhalten von Alkylglucosiden in Öl-Wasser-Systemen mit n-Alkanolen als Cotensid. Dissertation TU Berlin, 1994.
- Landfester, K.: Anwendungen von Miniemulsionen. Emulgiertechnik 2005 Schubert, H.: Emulgiertechnik: Grundlagen, Verfahren und Anwendung. Behr's Verlag Hamburg, 2005.
- Lagaly, G., Schulz, O, Zimehl, R.: Dispersionen und Emulsionen - Eine Einführung in die Kolloidik feinverteilter Stoffe einschließlich der Tonminerale. Steinkopff Verlag, Darmstadt, 1997.
- Levich, V.G.: Physicochemical Hydrodynamics. Prentice-Hall, Englewood Cliffs. 1962.
- Liedtke, S., Wissing, S., Müller, R. H., Mäder, K.: Influence of high pressure homogenisation equipment on nanodispersions characteristics. Int. J. Pharm. Vol. 199(2): S. 183-185, 2000.
- Lipatow, S.M.: Physikalische Chemie der Kolloide. Akademie Verlag, Berlin, 1953.

Literaturverzeichnis

- Lukowski, G., Kasbohm, J., Pflegel, P., Illing, A., Wulff, H.: Crystallographic investigation of cetylpalmitate solid lipid nanoparticles. Int. J. Pharm. Vol. 196 (2): S. 201-205, 2000.
- Lyklema, J.: Fundamentals of interface and colloid science, Vol. I Fundamentals. Academic Press, London, 1991.
- Mehnert, W., Mäder, K.: Solid lipid nanoparticles production, characterization and applications. Adv. Drug Delivery Rev. Vol. 47 :S.165-196, 2001.
- Mehnert, W., zur Mühlen, A., Dingler, A., Weyhers, H., Müller, R. H.: Solid Lipid Nanoparticles ein neuartiger Wirkstoff-Carrier für Kosmetik und Pharmazeutika: 2. Wirkstoff-Inkorporation, Freisetzung und Sterilisierbarkeit. Pharm. Ind. 59(6):S.511-514,1997.
- Müller, R.H.: Zetapotential und Partikelladung in der Laborpraxis. APV Paperback, Wissenschaftliche Verlagsgesellschaft, Stuttgart, 1996.
- Müller, R. H., Mäder, K., Gohla, S.: Solid lipid nanoparticles for controlled drug delivery – a review of the state of the art. Eur. J. Pharm. Biopharm. Vol. 50:S.161-177, 2000.
- Müller, R. H., Mehnert, W., Lucks, J.-S., Schwarz, C., zur Mühlen, A., Weyhers, H., Freitas, C., Rühl, D.: Solid lipid nanoparticles (SLN) – an alternative colloidal carrier system for controlled drug delivery. Eur. J. Pharm. Biopharm. Vol. 41(1): S. 62-69. 1995.
- Müller, R. H., Petersen, R. D., Hommoss, A.; Pardeike, J.: Nanostructured lipid carriers (NLC) in cosmetic dermal products. Adv. Drug Delivery Rev. Vol. 59:S.522–530, 2007.
- Müller, R.H., Schuhmann, R.: Teilchengrößenmessung in der Laborpraxis, APV Paperback, Wissenschaftliche Verlagsgesellschaft, Stuttgart, 1996.
- Müller, R. H., Schwarz, C., Mehnert, W., Lucks, J. S. Production of solid lipid nanoparticles (SLN) for controlled drug delivery. Proc. 20th Int. Symp. Controlled Release Bioact. Mater.: S.480-481. 1993.
- Müller, R. H., Weyhers, H., zur Mühlen, A., Dingler A., Mehnert, W.,: Solid Lipid Nanoparticles ein neuartiger Wirkstoff-Carrier für Kosmetik und Pharmazeutika: 1. Mitteilung: Systemeigenschaften, Herstellung und Scalling-up. Pharm. Ind. 59(5):S.423-427. 1997.
- Müller, R. H., Weyhers, H., zur Mühlen, A., Dingler A., Mehnert, W.,: Solid Lipid Nanoparticles ein neuartiger Wirkstoff-Carrier für Kosmetik und Pharmazeutika: 2.

Wirkstoff-Inkorporation, Freisetzung und Sterilisierbarkeit. Pharm. Ind. 59(6):S.511-514.1997.
- Myers, D.: Surfactant science and technology, 3. Auflage. New Jersey, Wiley-interscience, 2006.
- Neumann, A. W.; Spelt, J. K.: Applied Surface Thermodynamics. J. Colloid Interface Sci. Vol. 225(2):S: 323-328, 2000.
- Ostwald, Wo.: Zur Systematik der Kolloide. Z. Chem. Ind. Koll (Kolloid Z) Vol. 291-300; 331-341. 1907.
- Phipps, L. W.: Heterogeneous and homogenous nucleation in super cooled triglycerides and n-paraffins. J. Chem. Soc., Faraday Trans. Vol. 60:S. 1873-1883, 1964.
- Pohl, M.: Grenzflächeneigenschaften. Schubert, H.: Emulgiertechnik: Grundlagen, Verfahren und Anwendung. Behr's Verlag Hamburg. 2005.
- Povey, M. J. W.: Crystallization of oil-in-water emulsions. In: Crystallization Processes in Fats and Lipid Systems. Marcel Dekker, Inc., New York, 251-288. 2001.
- Rabello, J., Batista, E., Cavaleri, F. W., Meirelles, A. J. A.: Viscosity Prediction for Fatty Systems: J. Am. Oil Chem. Soc., Vol. 77 (12):S. 1255-1261, 2000.
- Riddick, T. M.: Zeta potential polymers. J. Am. Water Works Assoc., Vol. 58:S. 719-722, 1966.
- Saupe, A. Wissing, S. A., Lenk, A., Schmidt, C., Müller, R. H.: Solid lipid nanoparticles (SLN) and nanostructured lipid carriers (NLC) – structural investigations on two different carrier systems. Bio-Med. Mater. Eng. Vol 15:S. 393-402. 2005.
- Schrader, K., Buchheim, W., Morr, C. V.: High pressure effects on the colloidal calcium phosphate and the structural integrity of micellar casein in milk. Part 1 High pressure dissolution of colloidal calcium phosphate in heated milk systems. Nahrung. Vol 41 (3): S.133-138, 1997.
- Schuchmann, H. P.: Tropfenaufbruch und Energiedichtekonzept beim mechanischen Emulgieren. Schubert, H.: Emulgiertechnik: Grundlagen, Verfahren und Anwendung. Behr's Verlag Hamburg. 2005.
- Schubert, H., Armbruster, H.: Prinzipien der Herstellung und Stabilität von Emulsionen. Chem. Ing. Tech. 1989 Vol. 61:S. 701-711, 1989.
- Schubert, H.: Emulgiertechnik: Grundlagen, Verfahren und Anwendung. Behr's Verlag Hamburg, 2005.
- Schuberth, O., Wretlind, A.: Intravenous infusions of fat emulsions, phospatides and emulsifying agents. Acta. Chir. Scand. 278:S. 1-21, 1961.

Literaturverzeichnis

- Schultz, S., Wagner, G., Ulrich, J.: Hochdruckhomogenisation als ein Verfahren zur Emulsionsherstellung. Chem. Ing. Tech. 74(7):S.901-909, 2002.
- Schwarz, C., Mehnert, W., Lucks, J.S., Müller, R.H.: Solid lipid nanoparticles (SLN) for controlled drug delivery. 1. Production, Characterization and sterilization. J. Controlled Release. Vol. 30(1): 83-96. 1994.
- Scottman, T., Strey, R.: Ultra low interfacial tensions in water - n-alkane – surfactant system. J. Chem. Phys. Vol. 106(20): S. 8606-8614. 1997.
- Siekmann, B., Westesen K.: Submicron-sized parenteral carrier systems based on solid lipids. Pharm. Pharmacol. Lett. Vol.1:S. 123-126, 1992.
- Siekmann, B., Westesen, K.: Thermo analysis of the recrystallization process of melt-homogenized glyceride nanoparticles. Colloids Surf., B. Vol.3:S. 159-175. 1994.
- Sjöström, B., Kaplun, A., Talmon, Y., Cabane, B.: Structures of nanoparticles prepared from oil-in-water emulsions. Pharm. Res. Vol.12:S.39-49, 1995.
- Skoda, W., Hoekstra, L.L., van Soest, T.C., Bennema, P., Tempel, M.: Structure and morphology of ß-crystals of glyceryl tristearate. Kolloid Z., Vol.219:S. 149-156, 1967.
- Speiser, P.: Lipidnanopellets als Trägersystem für Arzneimittel zur peroralen Anwendung. European Patent Application EP0167825, 1986.
- Stache, H.: Tensid-Taschenbuch. Carl Hanser Verlag. München 1981.
- Stang, M.: Zerkleinern und Stabilisieren von Tropfen beim mechanischen Emulgieren. Dissertation Universität Karlsruhe, 1997.
- Stang, M., Schuchmann, H., Schubert, H.: Emulsification in high-pressure homogenizers. Eng. Life Sci. Vol. 4:S. 151-157, 2001.
- Stang, M., Wolf, H.: Herstellen feindisperser Suspensionen durch Schmelzeemulgieren. Schubert, H.: Emulgiertechnik: Grundlagen, Verfahren und Anwendung. Behr's Verlag Hamburg. S. 547-555, 2005.
- Stieß, M.: Mechanische Verfahrenstechnik 1. Springer-Verlag, Berlin, Heidelberg. 1992.
- Tadros, T. F.: Applied surfactants. Wiley-VCH, Weinheim. 2005
- Takeuchi M., Ueno, S., Sato, K: Synchrotron radiation SAXS/WAXS study of polymorph-dependent phase behaviour of binary mixtures of saturated monoacid triacylglycerols, Cryst. Growth Des. Vol. 3:S. 369–374, 2003.
- Taniguchi, N.: On the basic concept of 'nano-technology'. Proc. Intl. Conf. Prod. London, Part II. British Society of Precision Engineering, 1974.

- Tesch, S.; Freudig, B.; Schubert, H.: Herstellen von Emulsionen in Hochdruckhomogenisatoren - Teil 1: Zerkleinern und Stabilisieren von Tropfen. Chem.-Ing.-Tech. 74, 875-880, 2002a.
- Tesch, S.; Freudig, B.; Schubert, H.: Herstellen von Emulsionen in Hochdruckhomogenisatoren - Teil 2: Bedeutung der Kavitation für die Tropfenzerkleinerung. Chem.-Ing.-Tech. 74, 880-884, 2002b.
- Timmermann, F.: Emulgatoren: Aufbau und Wirkungsweise. Schubert, H.: Emulgiertechnik: Grundlagen, Verfahren und Anwendung. Behr's Verlag Hamburg. S. 19-43, 2005.
- Treiber, A., Kiefer, P.: Kavitation und Turbulenz als Zerkleinerungs-mechanismen bei der Homogenisation von O/W-Emulsionen. Chem. Ing. Tech. Vol. 48(3):S. 259, 1976.
- Unruh, T., Bunjes, H., Westesen, K., Koch, M.H.J.: Observation of size-dependent melting in lipid nanoparticles. J. Phys. Chem. B Vol. 103:S. 10373-10377, 1999.
- Valeri, D., Meirelles, A. J. A.: Viscosities of fatty acids, triglycerides, and their binary mixtures. J. Am. Oil Chem. Soc., Vol. 74 (10):S. 1221-1226, 1997.
- Vincent, B., Kiraly, Z., Obey T.M.: Emulsion formation by nucleation and growth. Binks, B.P.: Modern aspects of emulsion Science. The Royal Society of Chemistry, Cambridge, 1998.
- Vonnegut, B.: Rotating Bubble Method for the determination of surface and interfacial tension. R.S.I. 13, 1942
- Walstra, P.; Smulders, P.E.A.: Emulsion formation. Binks, B.P.: Modern aspects of emulsion Science. The Royal Society of Chemistry. Cambridge, 1998
- Walstra, P.: Physical chemistry of foods. Marcel Dekker 2002.
- Walstra, P.: Emulsions. Lyklema, J.: Fundamentals of interface and colloid science, Vol. IV Particulate Colloids. Elsevier, London, 2005
- Walstra, P.: Principles of emulsion formation. Chem. Eng. Sci. Vol. 8(2):S. 333-349, 1993.
- Westesen, K., Bunjes, H., Koch, M. H. J.: Physicochemical characterization of lipid nanoparticles and evaluation of their drug loading capacity and sustained release potential. J. Controlled Release. Vol. 48:S. 223-236, 1997.
- Westesen, K., Drechsler, M., Bunjes, H.: Colloidal dispersions based on solid lipids. Dickinson, E., Miller, R.: Food Colloids: Fundamentals of Formulation. Royal Society of Chemistry, Cambridge, S. 103-115, 2001.

Literaturverzeichnis

- Whittam J.H., Rosano H.L.: Physical aging of even saturated monoacid triglycerides. J. Am. Oil Chem. Soc. Vol. 52:S. 128-133. 1952.
- Wissing, S. A., Kayser, O., Müller, R. H.: Solid lipid nanoparticles for parenteral drug delivery. Adv. Drug Delivery Rev. Vol.56:S.1257-1272, 2004.
- Yang, S., Zhu, J., Lu, Y, Liang, B., Yang, C.: Body distribution of camptothecin solid Lipid nanoparticles after oral administration. Pharm. Res. Vol. 16(5):S. 751-757, 1999.

Die VDM Verlagsservicegesellschaft sucht für wissenschaftliche Verlage abgeschlossene und herausragende

Dissertationen, Habilitationen, Diplomarbeiten, Master Theses, Magisterarbeiten usw.

für die kostenlose Publikation als Fachbuch.

Sie verfügen über eine Arbeit, die hohen inhaltlichen und formalen Ansprüchen genügt, und haben Interesse an einer honorarvergüteten Publikation?

Dann senden Sie bitte erste Informationen über sich und Ihre Arbeit per Email an *info@vdm-vsg.de*.

Sie erhalten kurzfristig unser Feedback!

VDM Verlagsservicegesellschaft mbH
Dudweiler Landstr. 99
D - 66123 Saarbrücken
www.vdm-vsg.de

Telefon +49 681 3720 174
Fax   +49 681 3720 1749

Die VDM Verlagsservicegesellschaft mbH vertritt

Printed by Books on Demand GmbH, Norderstedt / Germany